"十四五"职业教育国家规划教材

"十三五"职业教育国家规划教材

中等职业学校信息技术类规划教材

网络设备安装与调试
（锐捷）（第3版）

张治平　主　编

陈　成　赵　军　副主编

中国铁道出版社有限公司

CHINA RAILWAY PUBLISHING HOUSE CO., LTD.

内 容 简 介

本书以锐捷网络设备为依托介绍网络管理的有关技术和实现过程，即使有些单位和学校使用的是华为、神州数码等公司的网络设备，本书对其网络专业技能教学也有一定的指导意义；个别学校即使没有网络设备也可以借助网络设备模拟器（如 Cisco 模拟器）完成本书中的网络实验。

本书共有九个单元：第一单元介绍 IP、网络的基本概念及网络应用；第二单元介绍二层交换机的使用与基本配置；第三单元介绍三层交换机的使用与基本配置；第四单元介绍三层交换机的应用；第五单元主要介绍路由器的使用与基本配置；第六单元较为全面地介绍网络路由协议；第七单元介绍网络安全相关知识；第八单元简单介绍无线路由器和无线网卡；第九单元对 IPv6 及其应用进行了介绍。附录给出了网络综合应用案例以及网络搭建职业技能大赛往年比赛题型。

本书适合作为中等职业学校计算机专业网络方向的教材、网络管理培训教材，也可作为中职学校技能大赛企业网搭建及应用项目的基础技能训练用书。

图书在版编目（CIP）数据

网络设备安装与调试. 锐捷 / 张治平主编. —3 版. —北京：
中国铁道出版社有限公司，2019.5（2023.7 重印）
中等职业学校信息技术类规划教材
ISBN 978-7-113-25641-8

Ⅰ.①网… Ⅱ.①张… Ⅲ.①计算机网络-通信设备-设备
安装-中等专业学校-教材 Ⅳ.①TN915.05

中国版本图书馆 CIP 数据核字（2019）第 055676 号

书　　名：网络设备安装与调试（锐捷）	
作　　者：张治平	

策　　划：邬郑希	编辑部电话：（010）83527746
责任编辑：邬郑希　李学敏	
封面设计：付　巍	
封面制作：刘　颖	
责任校对：张玉华	
责任印制：樊启鹏	

出版发行：中国铁道出版社有限公司（100054，北京市西城区右安门西街 8 号）
网　　址：http://www.tdpress.com/51eds/
印　　刷：三河市航远印刷有限公司
版　　次：2011 年 10 月第 1 版　2019 年 5 月第 3 版　2023 年 7 月第 7 次印刷
开　　本：787 mm×1 092 mm　1/16　印张：16　字数：390 千
书　　号：ISBN 978-7-113-25641-8
定　　价：46.00 元

第三版前言

近年来，随着信息技术的不断发展，各企业单位的网络也在不断升级扩大。本书是以培养适应社会需要的网络专业技术人才为出发点，由公司工程技术人员、网络专业教学一线教师联手打造的精品教材。本书采用项目教学法、任务驱动方式组织教材编写，既方便老师开展教学，又使得学生乐于借助本书提高专业技能，让师者乐教、学者乐学。

本书共有九个单元：第一单元介绍 IP、网络的基本概念及应用；第二单元介绍二层交换机的使用与基本配置；第三单元介绍三层交换机的使用与基本配置；第四单元介绍三层交换机的应用；第五单元主要介绍路由器的使用与基本配置；第六单元较为全面地介绍网络路由协议；第七单元介绍网络安全相关知识；第八单元简单介绍无线路由器和无线网卡；第九单元对 IPv6 及其应用进行了介绍。附录中给出三套网络搭建职业技能大赛套题及解答，介绍网络综合应用案例以及网络搭建职业大赛往年比赛题型。学习本书约需 80 学时，带有*号的部分为选学内容。

本次改版根据"十三五"职业教育国家规划教材建设要求和教学内容的变化，重点更新了第三单元、第六单元～第八单元的任务内容和扩展训练。

本书在使用过程中若需要使用教学资源可在出版社网站上搜索下载或发送电子邮件至 617282847@qq.com 向编者索取。

教材特点

- 在实例讲解上，本书采用了统一的编排方式，每个单元都有若干任务，每个任务都包含"任务描述""任务实现""知识点拨""拓展训练""课外作业"，针对部分重点和难点内容还设置了"小贴士"作简单的解释。

  ➢ 任务描述：描述该任务来源于什么实际应用背景、解决什么问题。

  ➢ 任务实现：详细写出任务的实现过程。

  ➢ 知识点拨：针对任务中用到的技术要点进行阐述，针对初次接触到的网络专业名词进行解释，针对重点和难点内容进行剖析。

  ➢ 拓展训练、课外作业：针对本任务中的知识点给出相应的练习，起巩固和提高专业技能的作用。

- 本书是为培养网络专业所需人才而量身定做的实用教材，本书中的每个任务都具有代表性，每个任务都是网络人才在企业中对专业技能的实际应用。

- 本书把枯燥的理论、抽象的概念、苦涩的知识点、难于理解的网络协议，在具体应用情景中实例化、图形化、形象化，方便教师授课和学生理解，使得学生可以快速地掌握专业技能，使得教与学在快乐的气氛中完成。

- 本书编写人员有从事网络管理的工程技术人才、网络专业教学的一线教师、网络项目比赛训练的教练等，他们都有丰富的教学、训练、培训经验以及网络解决方案的实战技能。
- 本书以锐捷网络设备为依托，介绍网络管理有关的技术及其实现过程，即使有些单位和学校使用的是华为、神州数码等公司的网络设备，本书对其网络专业技能教学也有指导意义；个别学校即使没有网络设备，也完全可以借助网络设备模拟器 (如思科模拟器 Cisco Packet Tracer) 完成本书中的网络实验并使用本教材。

本书定位

- 零起点学习网络管理技能的教材。
- 职业院校计算机专业网络方向的教材。
- 职业院校计算机技能大赛网络项目基本技能训练辅导用书。

读者范围

- 职业院校的教师和学生。
- 网络搭建及应用项目技能竞赛参赛人员。

技术力量

本书的编写得到了原广东省电子与信息指导委员会何文生主任、史宪美副主任以及广州大学华软软件学院朱志辉教授的指导，也得到了锐捷网络公司技术上的支持。本书由张治平任主编，陈成、赵军任副主编，陈佳玉、潘梓洪、徐建广、陈庆志、周顺源参与编写。具体编写分工如下：陈佳玉编写第一单元，张治平编写第二、六单元，陈成编写第三、五单元，潘梓洪编写第四、七单元，赵军编写第八单元，徐建广编写第九单元，陈庆志、周顺源编写附录 A。

由于编者水平有限、时间仓促，疏漏之处在所难免，敬请广大读者批评指正。

编　者

2018 年 12 月

目 录

第一单元 搭建一个简单的共享网络

（网络基础与共享网络）

技能目标

（1）制作网线。
（2）使用网卡。
（3）配置 IP 地址。
（4）共享网络文件。
（5）配置 FTP 服务器。
（6）安装网络打印机。

素养目标

（1）体会网络科技的魔力，激发学习动力。
（2）培养学生学好网络服务社会意识。
（3）培养学生科技报效祖国的情怀。

计算机网络是使用通信介质，将分布在不同地理位置的计算机及其外围设备连接起来，在网络操作系统、网络管理软件及网络通信协议的管理和协调下，实现资源共享和信息传递的计算机系统。按地理范围的大小，可以把网络划分为局域网、城域网、广域网和互联网四种。一般来说，局域网是在一个较小的区域内，而互联网是最大的一个网络。网络划分并没有严格意义上地理范围的区分，只是一个定性的概念。

局域网（Local Area Network，LAN）：一般来说，在企业中，工作站的数量在几十到两百台左右；网络涉及的地理距离可以是几米至十千米。局域网一般位于一个建筑物或一个单位内，不存在寻径问题，不包括网络层的应用。它一般是在局部地区范围内的网络，所覆盖的地理范围较小。局域网在计算机数量配置上没有太多的限制，少的可以只有两台，多的可达几百台。这种网络的特点是：连接范围窄、用户数少、配置容易、连接速率高。

城域网（Metropolitan Area Network，MAN）：一般来说是在一个城市，但不在同一地理小区范围内的计算机互连。这种网络的连接距离可以是几千米到上百千米。MAN 与 LAN 相比扩展的距离更长，连接的计算机数量更多，可以说是 LAN 的延伸。在一个大型城市，一个 MAN 通常连接着多个 LAN，如连接政府机构的 LAN、学校的 LAN、公司企业的 LAN 等。

广域网（Wide Area Network，WAN）：又称远程网，它所覆盖的范围比城域网更广，地理范围可从几百千米到几千千米。因为距离较远，信息衰减比较严重，所以这种网络一般要租用专线，通过网络协议和线路连接起来，构成网状结构，解决寻径问题。因为广域网连接的用户多，总出口带宽有限，所以用户的终端连接速率一般较低。

在互联网（Internet）应用如此发达的今天，全世界接入互联网的计算机连接在了一起，构成了一个地球村，因此无论是从地理范围，还是从网络规模来讲，它都是最大的一种网络。这种网络最大的特点是不定性，整个网络随着接入互联网的计算机的不断变化而变化。当计算机连在互联网上的时候，它可以算是互联网的一部分；但一旦断开了与互联网的连接，它就不属于互联网。互联网的优点是信息量大、传播广。无论身处何地，只要连上互联网就可以对任何联网的用户发送电子邮件、即时信息。互联网范围最广，因此它的实现技术相对比较复杂。

计算机是网络中最基本的设备，网络的核心是计算机。要构成网络，就必须借助一些必要的硬件设备，如网卡、网络传输介质、中继设备等。网卡负责收发网络上的数据包，它是计算机数据与网络数据的接口。传输介质是网络连接设备间的中间介质，传输介质可分为两类：有线传输介质和无线传输介质。有线传输介质是指利用电缆或光缆等充当传输导体的传输介质，例如双绞线、同轴电缆和光缆等；无线传输介质是指利用电波或光波充当传输导体的传输介质，例如无线电波、微波、红外线和卫星通信等。网络的连接中继设备包括集线器、交换机、路由器、调制解调器等。

任务一　制作网线

（直通线与双绞线）

任务描述

利用双绞线和水晶头制作网线，用于连接网络设备，或者使计算机与计算机网络相连。制作好的网线如图 1-1-1 所示。

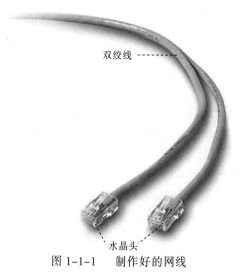

双绞线

水晶头

图 1-1-1　制作好的网线

【所需设备】一条双绞线、两个水晶头、一把网线钳、一个测线仪。

任务实现

步骤 1：准备工具、耗材。准备好双绞线、水晶头、网线钳、测线仪，如图 1-1-2 所示。

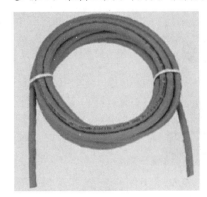 

图 1-1-2　制作网线用到的工具与耗材

步骤 2：取线。使用网线钳剪取一段适当长度的网线。

步骤 3：剥线。在网线的一端使用网线钳把线剥开，可看到八根比较细的线芯，如图 1-1-3 所示。

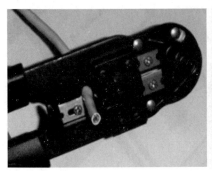 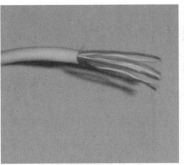 

图 1-1-3　剥线

步骤 4：排线。用手指分开线芯，八根线芯按橙白、橙、绿白、蓝、蓝白、绿、棕白、棕的顺序进行排序，如图 1-1-4 所示。

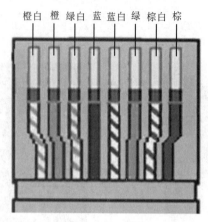

橙白 橙 绿白 蓝 蓝白 绿 棕白 棕

图 1-1-4 排线

小贴士

直通线排线两端都按照 T568B 标准：橙白、橙、绿白、蓝、蓝白、绿、棕白、棕进行排线。

交叉线排线，一端按照 T568B 标准：橙白、橙、绿白、蓝、蓝白、绿、棕白、棕进行排线；另一端按照 T568A 标准：绿白、绿、橙白、蓝、蓝白、橙、棕白、棕进行排线。

步骤 5：理线。用网线钳将线头剪平，并将线插入水晶头槽内，如图 1-1-5 所示。接着取水晶头，并用手握住水晶头，将有弹片的一面朝下，带金属片的一面朝上，线头的插孔朝向右手一侧时，可以看到连接头中的 8 个引脚。

图 1-1-5 理线

步骤 6：压线。利用网线钳挤压水晶头，压紧水晶头使得水晶头的芯片与网线的线芯接触良好，如图 1-1-6 所示。

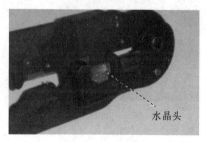

水晶头

图 1-1-6 压线

步骤7：参照以上方法制作好网线的另一端，制作好的网线两端如图1-1-7所示。

步骤8：使用测线仪检测网线。通过测线仪检测刚才制作好的网线是否制作成功，如果测线仪两端的八个指示灯均从上往下同时亮，则说明该网线是通的，可以使用，如图1-1-8所示。

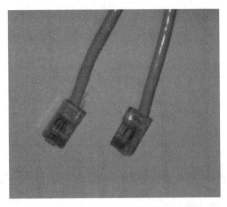

图1-1-7　制作好的网线两端

图1-1-8　用测线仪检测网线

小贴士

测线仪通常用来检测网线的连通性，排除网络故障时也经常需要借助它。

知识点拨

（1）网线八根线芯的排线标准有以下两种：

- 标准T568A线序：绿白—1，绿—2，橙白—3，蓝—4，蓝白—5，橙—6，棕白—7，棕—8。
- 标准T568B线序：橙白—1，橙—2，绿白—3，蓝—4，蓝白—5，绿—6，棕白—7，棕—8。

（2）直通线做法是网线两头的线芯都按T568B标准排序线头；交叉线做法是双绞线的一端使用T568A标准，另一端使用T568B标准进行排线，如图1-1-9所示。

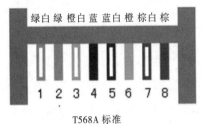

T568A 标准

T568B 标准

图1-1-9　排线标准

（3）网线制作过程：准备工具和耗材→取线→剥线→排线→理线→压线→测线。

（4）直通线的应用最广泛，它适用于不同设备之间，如路由器与交换机、计算机与交换机之间；交叉线一般用于相同设备的连接，比如路由器和路由器、计算机和计算机、交换机与交换机之间。现在很多相同设备的连接也支持直通线了，但还是建议使用交叉线。网线的长度一般为1～2 m（不能超过100 m）。

（5）可使用测线仪检查、排除网线故障。

拓展训练

（1）制作一条 2 m 的直通线。

（2）制作一条 10 m 的交叉线。

课外作业

（1）什么是计算机网络？

（2）计算机网络按地理范围可分为哪几类？

（3）计算机网络一般包括哪些元素？

（4）有线网络传输介质有哪些？请列举。

任务二　使用网卡

（认识网卡）

任务描述

小明的计算机网卡坏了，于是去电脑城买了新的网卡回来，现在要把它安装到计算机的主板上。网卡的实物如图 1-2-1 所示。

网线接口

接主板插槽

图 1-2-1　网卡实物图

【所需设备】一个网卡和一台计算机。

任务实现

步骤1：关闭主机电源，将网卡插在主板的 PCI 插槽中，并用螺钉固定，PCI 插槽如图 1-2-2 所示。

插槽

图 1-2-2　主板上的 PCI 插槽

步骤 2：安装网卡驱动程序。

（1）启动计算机，进入 Windows 系统，系统会自动侦测到新硬件（如果系统无法自动侦测到新硬件，可以利用"控制面板"｜"添加新硬件"命令），即进入硬件安装向导，开始搜索驱动程序。

（2）选中"指定一个位置"单选按钮，指定网卡驱动程序所在的路径，选定后单击"确定"按钮。

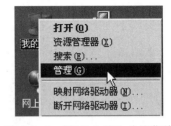

（3）等待系统复制所需文件，安装完驱动程序后重新启动计算机。

（4）重新启动后，右击"我的电脑"图标，在弹出的快捷菜单中选择"管理"命令，如图 1-2-3 所示。

图 1-2-3　"我的电脑"快捷菜单

步骤 3：在系统中查看操作系统已识别的网卡。

（1）在弹出的"计算机管理"窗口中，单击"设备管理器"选项卡，展开设备列表，如图 1-2-4 所示。

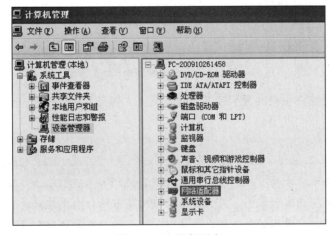

图 1-2-4　设备列表

（2）在设备列表中，单击"网络适配器"结点，右击弹出的网卡设备，如图 1-2-5 所示，在弹出的快捷菜单中选择"属性"命令。

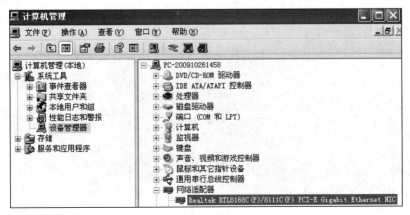

图 1-2-5　网卡设备

（3）在弹出的网卡属性对话框中，观察设备信息，如果有"这个设备运转正常"字样，如图 1-2-6 所示，则一般能确认网卡安装成功。

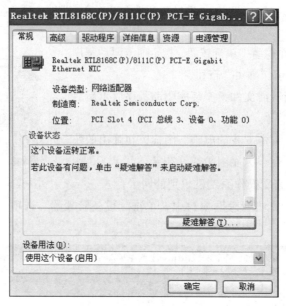

图 1-2-6　网卡属性对话框

步骤 4：利用网线将主机的网卡接口与网络设备（如交换机）相连，查看网卡指示灯是否点亮。

小贴士

　　一般来说，每块网卡均有一个以上的 LED（Light Emitting Diode，发光二极管）指示灯，以指示网卡不同的工作状态。没有连接网线时所有的灯都是熄灭的。连接网线后常亮的灯为连接信号灯，表示已经和网络设备连接；闪烁的灯则是传输信号灯，该灯闪烁时表示有数据通过网卡传输，即有数据通过网卡中转。

步骤 5：查看网卡 MAC 地址。

（1）选择"开始"|"运行"命令，在弹出的"运行"对话框中输入 DOS 指令"cmd"，按【Enter】键，弹出命令操作符操作界面，如图 1-2-7 所示。

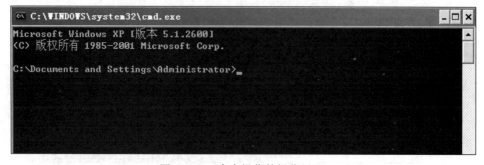

图 1-2-7　命令操作符操作界面

（2）在命令操作符操作界面中，输入 DOS 指令"ipconfig /all"查看网卡物理地址（MAC），如图 1-2-8 所示。

```
C:\WINDOWS\system32\cmd.exe

C:\Documents and Settings\Administrator>ipconfig /all

Ethernet adapter 本地连接:

        Connection-specific DNS Suffix  . :
        Description . . . . . . . . . . . : Realtek RTL8168C<P>/8111C<P> PCI-E G
igabit Ethernet NIC
        Physical Address. . . . . . . . . : 00-23-7D-51-77-46
        Dhcp Enabled. . . . . . . . . . . : No
        IP Address. . . . . . . . . . . . : 172.20.83.157
        Subnet Mask . . . . . . . . . . . : 255.255.248.0
        Default Gateway . . . . . . . . . : 172.20.80.1
        DNS Servers . . . . . . . . . . . : 10.0.0.40

C:\Documents and Settings\Administrator>
```

图 1-2-8　查看网卡 MAC 地址

 小贴士

MAC（Media Access Control，介质访问控制）地址又称网卡物理地址，它是刻录在网卡中的，由 6 字节（48 位）、十六进制的数字组成。它为计算机提供了一个全球唯一的有效地址（可形象地理解为网卡的身份证号码），MAC 地址的前 24 位由 IEEE 组织分配给不同的厂商，后 24 位由厂商自己决定，共 48 位，一般用十六进制数表示，如 00-1B-FC-FA-5A-22。

知识点拨

（1）认识网卡（网络适配器）。一台计算机要与其他计算机联网，就必须要有网络适配器和网络通信协议。网络适配器属于通信的硬件，网络通信协议是通信的软件，网络适配器与网络通信协议在计算机网络中都是不可缺少的。

网络适配器（Network Interface Card，NIC）通常称为网卡，是计算机网络中最基本的部件之一，它是连接 PC（个人计算机）与计算机网络的硬件设备。

计算机发送数据时，把要传输的数据并行写到网卡的缓存上，网卡按特定的编码格式对要发送的数据进行编码，然后发送到传输介质上（如网线、光纤）；计算机接收数据时，网卡也能将其收到的信息转换成计算机能识别的数据，实现计算机与计算机网络通信。

（2）较早的网卡就是一块独立的卡，插在主板 PCI 插槽中。随着计算机的发展和集成技术的成熟，有些计算机网卡集成于主板中，作为主板不可分割的一部分，打开主机机箱只能看到连接网线的网线接口而看不到独立网卡。

（3）随着计算机技术和无线上网技术的发展，出现了新型网卡，如 USB 网卡、无线网卡、USB 无线网卡，如图 1-2-9 所示。

图 1-2-9　新型网卡

拓展训练

（1）简述普通网卡与集成网卡、普通网卡与 USB 网卡，以及有线网卡与无线网卡的区别。

（2）查看你使用的计算机网卡的 MAC 地址：_____。

（3）小明家的笔记本式计算机的网卡在上网时遭雷击坏了，由于笔记本式计算机的网卡集成在笔记本式计算机的主板上，现在他要上网，你可为他提出哪些经济可行的解决方案？

解决方案1：_____。

解决方案2：_____。

（4）小红把网线接到她家的计算机上时，计算机屏幕右下角的"本地连接"图标显示为 ▨，试帮她分析可能存在哪些网络故障，并提出排查办法。

可能故障1：_____；排查方法：_____。

可能故障2：_____；排查方法：_____。

课外作业

（1）什么是网卡？

（2）常用网卡有哪些类型？请列举。

任务三　配置 IP 地址

（IP 计算、划分子网）

任务描述

设置计算机的 IP 地址，使计算机主机接入计算机网络，如图 1-3-1 所示。

【所需设备】一台主机和因特网。

图 1-3-1　设置计算机的 IP 地址

任务实现

步骤 1：选择"开始"|"控制面板"|"网络连接"|"本地连接"选项，在弹出的"本地连接 状态"对话框中单击"属性"按钮，打开"本地连接 属性"对话框，如图 1-3-2 所示。

步骤 2：双击"Internet 协议（TCP/IP）"选项，在弹出的"Internet 协议（TCP/IP）属性"对话框中设置 IP 地址、子网掩码、网关、DNS，如图 1-3-3 所示。

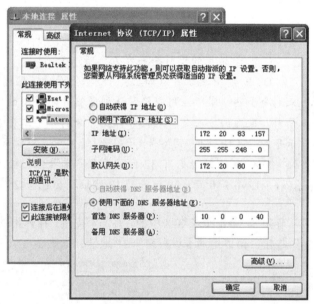

图 1-3-2　"本地连接 属性"对话框　　　　图 1-3-3　设置 IP 地址、子网掩码、网关、DNS

小贴士

Internet 是由不同物理网络互连而成，不同网络之间实现计算机的相互通信必须要有相应的地址标识，这个地址标识称为 IP 地址。IP 地址就是给每个连接在 Internet 上的主机分配一个在全世界范围内唯一的 32 位地址，由于二进制使用起来不方便，用户使用"点分十进制"方式表示。IP 地址可唯一标识出主机所在网络和网络中位置的编号，即 IP 地址=网络号+主机号。按照网络规模的大小，常用的 IP 地址分为 A、B、C、D、E 五类。

A 类 IP 地址以 0 开头，它的第一字节表示网络号，第二、三、四字节表示网络中的主机号。它能表示的网络数少，最多只可以表示 126 个网络号，但每个网络中可以表示的主机数多，每个网络中最多有 16 777 214 台主机。A 类 IP 地址范围如下：

二进制	0×××××××	××××××××	××××××××	××××××××
十进制	0～126	0～255	0～255	0～255

A 类 IP 地址的子网掩码为 255.0.0.0。

B 类 IP 地址以 10 开头，它的第一、二字节表示网络号，第三、四字节表示网络中的主机号。它最多可以表示 16 384 个网络号，每个网络中最多有 66 534 台主机。B 类 IP 地址范围如下：

二进制	10××××××	××××××××	××××××××	××××××××
十进制	128～191	0～255	0～255	0～255

B 类 IP 地址的子网掩码为 255.255.0.0。

C 类 IP 地址以 110 开头，它的第一、二、三字节表示网络号，第四字节表示网络中的主机号。它最多可以表示 2 097 152 个网络号，每个网络中可以表示的主机数少，每个网络中最多有 254 台主机。C 类 IP 地址范围如下：

二进制	110×××××	××××××××	××××××××	××××××××
十进制	192～233	0～255	0～255	0～255

C 类 IP 地址的子网掩码为 255.255.255.0。

D、E 类 IP 地址可以如上类推。从上面的子网掩码可知，子网掩码的另一个功能是用来划分子网。实际应用中经常遇到网络号不够用的问题，就需要把某类网络划分出多个子网，采用的方法是将主机号标识部分的一些二进制划分出来标识子网，即借主机位表示子网号（IP 地址=网络号+子网号+子网中主机编号）。

现有的 IP 地址只有 32 位，资源非常紧张，接近枯竭。所以未来发展中将全面使用 IPv6，IPv6 是使用 128 位长的 IP 地址，会包含 2^{128} 个 IP 地址。

步骤 3：单击图 1-3-3 中的"高级"按钮，在弹出的"高级 TCP/IP 设置"对话框中单击"添加"按钮，可以给网卡设置多个 IP 地址，如图 1-3-4 所示。

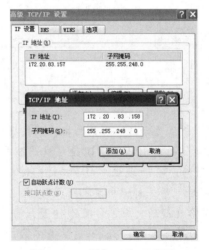

图 1-3-4　添加一个 IP 地址

步骤 4：使用 ping 命令检测网络连通性。选择"开始"|"运行"命令，在弹出的"运行"对话框中输入"cmd"，如图 1-3-5 所示。

图 1-3-5　"运行"对话框

步骤 5：在弹出的命令操作符操作界面中输入 ping 网关或某主机 IP，则可以检测自己的主机到网关的链路是否通或是否与某个主机相通，出现图 1-3-6 所示的结果则表示网络连通。

```
C:\WINDOWS\system32\cmd.exe

Microsoft Windows XP [版本 5.1.2600]
<C> 版权所有 1985-2001 Microsoft Corp.

C:\Documents and Settings\Administrator>ping 172.20.80.1

Pinging 172.20.80.1 with 32 bytes of data:

Reply from 172.20.80.1: bytes=32 time<1ms TTL=255
Reply from 172.20.80.1: bytes=32 time<1ms TTL=255
Reply from 172.20.80.1: bytes=32 time<1ms TTL=255
Reply from 172.20.80.1: bytes=32 time<1ms TTL=255

Ping statistics for 172.20.80.1:
    Packets: Sent = 4, Received = 4, Lost = 0 (0% loss),
Approximate round trip times in milli-seconds:
    Minimum = 0ms, Maximum = 0ms, Average = 0ms
```

图 1-3-6　ping 网关

小贴士

ping 命令的作用是通过发送"网络消息控制协议（ICMP）"回响请求消息来验证与另一台 TCP/IP 计算机的 IP 级连接状态，回响应答消息的接收情况将和往返过程的次数一起显示出来。ping 命令是用于检测网络连通性、可到达性和名称解析等疑难问题的主要 TCP/IP 命令。

步骤 6：输入"ping 127.0.0.1"，测试 TCP/IP 配置是否正确。

127.0.0.1 是个 IP 地址，在操作系统和网络中，它通常拥有特殊的意义，即 127.0.0.1 代表本地回环地址，这个地址只要操作系统正常，即使网卡没插线，也是一直存在的。这条 ping 命令被送到本地计算机的回环地址，该命令永不退出该计算机，正常状态下的测试结果如图 1-3-7 所示。

```
Microsoft Windows XP [版本 5.1.2600]
<C> 版权所有 1985-2001 Microsoft Corp.

C:\Documents and Settings\Administrator>ping 127.0.0.1

Pinging 127.0.0.1 with 32 bytes of data:

Reply from 127.0.0.1: bytes=32 time=7ms TTL=128
Reply from 127.0.0.1: bytes=32 time<1ms TTL=128
Reply from 127.0.0.1: bytes=32 time<1ms TTL=128
Reply from 127.0.0.1: bytes=32 time<1ms TTL=128

Ping statistics for 127.0.0.1:
    Packets: Sent = 4, Received = 4, Lost = 0 (0% loss),
Approximate round trip times in milli-seconds:
    Minimum = 0ms, Maximum = 7ms, Average = 1ms

C:\Documents and Settings\Administrator>
```

图 1-3-7　ping 本机

步骤 7：输入"ping 局域网内其他 IP"，如图 1-3-8 所示。

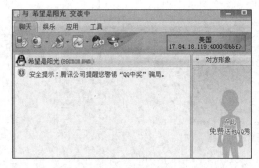

图 1-3-8　ping 其他 IP

 提示

　　ping 局域网内其他 IP 是判断与局域网内特定的主机能否相互通信的方法。

知识点拨

　　（1）IP（Internet Protocol，网际协议）。IP 地址就是给每个 Internet 上的主机分配的一个 32 位二进制数字表示的地址。按照 TCP/IP 协议规定，IP 地址用二进制来表示，每个 IP 地址长 32 bit，换算成字节就是 4 B（字节）。例如，一个采用二进制形式的 IP 地址是"00000001000000010000000100000001"，这么长的地址比较难记忆，为了方便使用，IP 地址经常被写成十进制形式，称为"点分十进制表示法"，中间使用"."分开不同的字节。上面的 IP 地址可以表示为"1.1.1.1"，比用二进制表示法容易记忆。

　　（2）要使计算机与网络中的其他计算机通信，就必须为计算机手工指定或者自动分配一个 IP 地址，计算机有了 IP 地址后才能与其他计算机通信。比如，要使用网络聊天工具与网络上其他计算机聊天之前，必须要设置好 IP 地址，图 1-3-9 所示界面可以看到对方计算机接入网络所使用的 IP 地址。

图 1-3-9　QQ 聊天工具看到对方 IP

　　（3）ipconfig 指令用于查看 IP 地址的配置信息，ipconfig /all 指令可全面查看网卡信息。

　　（4）ping 指令用于检测网络的连通性。

　　（5）当使用 ping 命令查找问题所在或检验网络运行情况时，常常需要多次使用 ping 命令。如果所有 ping 的结果都显示是连通的，就说明网络的连通性和配置参数没有问题；如果某些 ping 的结果出现运行故障，就要根据 ping 的结果去查找问题并排除网络故障。

拓展训练

（1）设置自己计算机的 IP 地址为 202.116.16.8/255.255.255.0。

（2）使用 ipconfig/all 指令查看自己计算机的 IP 地址为＿＿＿＿＿＿＿＿＿＿＿，子网掩码为＿＿＿＿＿＿＿＿＿＿＿＿＿，网络号为＿＿＿＿＿＿＿＿＿＿＿＿＿，默认网关为＿＿＿＿＿＿＿＿＿＿＿＿，网卡物理地址为＿＿＿＿＿＿＿＿＿＿＿＿＿＿。检查目前自己的计算机与默认网关之间的网络是否通畅的主要指令为＿＿＿＿＿＿＿＿＿＿＿＿。

（3）在 Windows Server 系统中给网卡设定两个 IP 地址，其中 IP1：192.168.100.6/255.255.248.0，IP2：192.168.100.10/255.255.248.0。

（4）小明家的计算机前几天还能正常上网，现在无论浏览哪个网页均打不开，QQ 即时通信软件也登录不了，尝试告诉小明如何检测排查故障，并根据不同的故障，给他提出相应的解决方案。

可能故障 1：＿＿＿＿＿＿＿＿＿＿＿＿＿＿＿＿＿；处理方法：＿＿＿＿＿＿＿＿＿＿＿。

可能故障 2：＿＿＿＿＿＿＿＿＿＿＿＿＿＿＿＿＿；处理方法：＿＿＿＿＿＿＿＿＿＿＿。

可能故障 3：＿＿＿＿＿＿＿＿＿＿＿＿＿＿＿＿＿；处理方法：＿＿＿＿＿＿＿＿＿＿＿。

可能故障 4：＿＿＿＿＿＿＿＿＿＿＿＿＿＿＿＿＿；处理方法：＿＿＿＿＿＿＿＿＿＿＿。

其他故障情况：＿＿＿＿＿＿＿＿＿＿＿＿＿＿＿；处理方法：＿＿＿＿＿＿＿＿＿＿＿。

（5）林达同学的计算机上不了网，但把连接其计算机的网线转接到肖博同学的计算机上后，肖博同学的计算机能正常上网，尝试分析可能存在哪些网络故障，并提出排查办法。

可能故障 1：＿＿＿＿＿＿＿＿＿＿＿＿＿＿＿＿；排查方法：＿＿＿＿＿＿＿＿＿＿＿。

可能故障 2：＿＿＿＿＿＿＿＿＿＿＿＿＿＿＿＿；排查方法：＿＿＿＿＿＿＿＿＿＿＿。

其他故障情况：＿＿＿＿＿＿＿＿＿＿＿＿＿＿＿；排查方法：＿＿＿＿＿＿＿＿＿＿＿。

课外作业

（1）什么是 IP 地址？

（2）简述"本地连接"设置的参数"自动获取 IP 地址""IP 地址""子网掩码""默认网站""首选 DNS 服务器"分别代表什么含义。

任务四　共享网络文件

（文件共享）

任务描述

设置共享文件夹，以便通过网络达到共享文件资料的目的。图 1-4-1 所示为共享文件夹的一种方式。

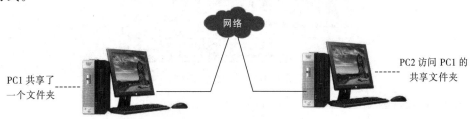

PC1 共享了一个文件夹

PC2 访问 PC1 的共享文件夹

网络

图 1-4-1　网络拓扑结构图

【所需设备】两台计算机和正常通信的网络。

任务实现

步骤1：新建一个文件夹，命名为 pub，并将其设置为共享文件夹。

（1）在"本地磁盘（C:）"窗口中右击，在弹出的快捷菜单中选择"新建"|"文件夹"命令，如图 1-4-2 所示，并将新建的文件夹命名为 pub。

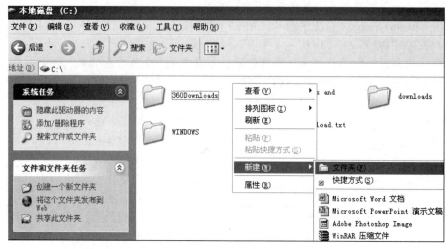

图 1-4-2　新建文件夹

（2）右击 pub 文件夹，在弹出的快捷菜单中选择"共享和安全"命令，在弹出的"pub 属性"对话框中选择"共享此文件夹"单选按钮，如图 1-4-3 所示。

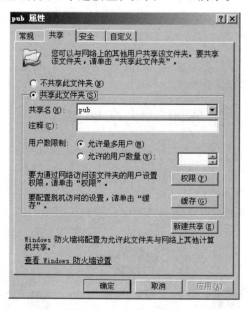

图 1-4-3　共享文件夹

步骤2：设置共享权限，如图 1-4-4 所示。

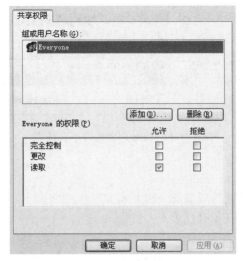

图 1-4-4 设置共享权限

小贴士

　　权限是用来限制网络用户对共享文件夹的操作权利的，权限有完全控制、更改和读取三种。完全控制表示网络用户对共享文件夹中的文件拥有读/写、删除等所有操作权限；更改表示网络用户对共享文件夹中的文件拥有重命名和修改操作的权限；读取则表示网络用户对共享文件中的文件只拥有查看的权限，不能对文件进行其他操作。

　　步骤 3：访问网络中共享文件夹内的共享资源。

　　（1）在 PC1 桌面上选择"开始"|"运行"命令，在弹出的"运行"对话框中输入"cmd"命令，在弹出的命令操作符操作界面中输入 ipconfig，查看 PC1 网卡的 IP 地址，如图 1-4-5 所示。

```
C:\WINDOWS\system32\cmd.exe

C:\Documents and Settings\Administrator>ipconfig

Windows IP Configuration

Ethernet adapter 本地连接:

        Connection-specific DNS Suffix  . :
        IP Address. . . . . . . . . . . . : 172.20.83.200
        Subnet Mask . . . . . . . . . . . : 255.255.248.0
        Default Gateway . . . . . . . . . : 172.20.80.1

C:\Documents and Settings\Administrator>_
```

图 1-4-5 ipconfig 指令

　　（2）在 PC2 上通过 PC1 的 IP 地址访问 PC1 上的共享资源。在 PC2 桌面上选择"开始"|"运行"命令，在弹出的"运行"对话框中输入"\\PC1 的 IP"即可打开 PC1 的共享资源，如图 1-4-6 所示。

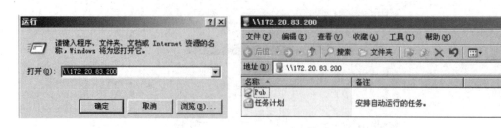

图 1-4-6　访问 PC1 的共享文件夹

知识点拨

（1）文件夹共享是共享网络资源的一种方式。

（2）共享文件夹权限的认识和设置。

拓展训练

（1）在计算机上创建共享文件夹 D:\temp，设置文件夹共享方式为只读。

（2）在计算机上创建共享文件夹 D:\public，设置文件夹共享方式为读写，所有用户均可访问。

（3）在计算机上创建共享文件夹 D:\file，设置文件夹共享方式为只读，只有 administrator 用户才能访问。

课外作业

文件共享权限主要有哪几类？

任务五　配置 FTP 服务器

（配置 FTP 上传、下载文件）

任务描述

在 Windows Server 2003 中安装 IIS（Internet 信息服务），构建 FTP（File Transfer Protocol，文件传输协议）服务器实现文件上传、下载，以达到共享文件的目的。图 1-5-1 所示为一种通过 FTP 服务实现网络共享的方式。

图 1-5-1　网络拓扑结构图

【所需设备】两台计算机和正常通信的网络。

任务实现

步骤 1：在 PC1 操作系统上安装 IIS（Internet 信息服务）组件。

（1）在 PC1 桌面上选择"开始"｜"控制面板"｜"添加/删除程序"｜"添加/删除 Windows 组件"命令，在弹出的"Windows 组件向导"对话框中选择"应用程序服务器"复选框，如图 1-5-2 所示。

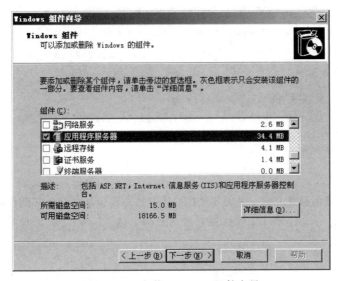

图 1-5-2　安装 Windows 组件向导

（2）单击"详细信息"按钮，在弹出的"应用程序服务器"对话框中选择"Internet 信息服务(IIS)"复选框，如图 1-5-3 所示。

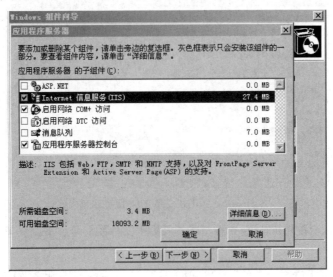

图 1-5-3　选择 IIS 组件

（3）单击"详细信息"按钮，在弹出的"Internet 信息服务(IIS)"对话框中选择"文件传输协议（FTP）服务"复选框，如图 1-5-4 所示。

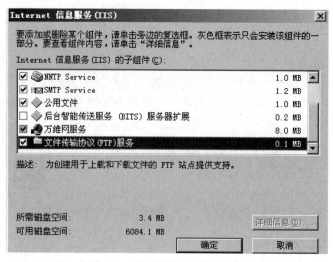

图 1-5-4　选择安装 FTP 服务

 小贴士

　　FTP 由 FTP 应用程序提供，并遵循 TCP/IP 中的文件传输协议，它允许用户将文件从一台计算机传输到另一台计算机，并保证可靠的数据传输。

　　（4）单击"确定"按钮，然后在"Windows 组件向导"对话框中单击"下一步"按钮，安装 Internet 信息服务，如图 1-5-5 所示。

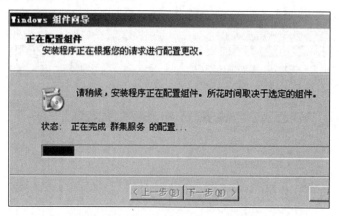

图 1-5-5　正在安装 FTP 服务组件

　　步骤 2：在 PC1 上配置 FTP 服务器，使其可提供文件的上传、下载服务，以实现资源、文件共享。

　　（1）在 PC1 桌面上选择"开始"｜"管理工具"｜"Internet 信息服务（IIS）管理器"命令，在弹出的"Internet 信息服务（IIS）管理器"窗口中右击"FTP 站点"文件夹，在弹出的快捷菜单中选择"新建"｜"FTP 站点"命令，如图 1-5-6 所示。

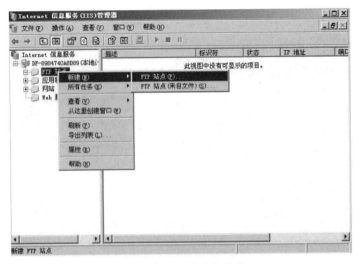

图 1-5-6 新建 FTP 站点

（2）打开建立 FTP 服务器站点的向导，如图 1-5-7 所示。

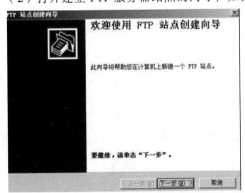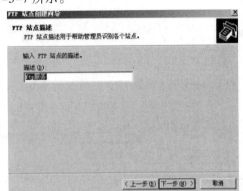

图 1-5-7 建立 FTP 服务器站点向导

（3）根据向导设置 FTP 站点的 IP 地址为 192.168.1.3，如图 1-5-8 所示。

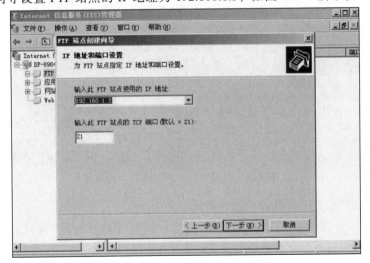

图 1-5-8 设置 FTP 站点的 IP

（4）根据向导建立 FTP 的类型为"不隔离用户"的 FTP 服务器站点，如图 1-5-9 所示。

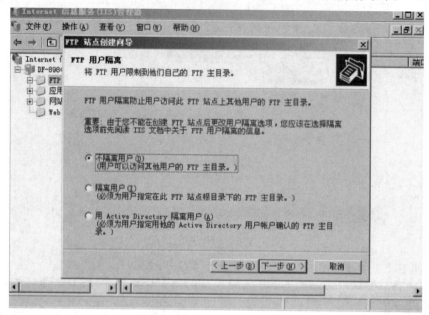

图 1-5-9　选择 FTP 类型

（5）根据向导设置 FTP 主目录的本地路径为"C:\wwwftp"，如图 1-5-10 所示。

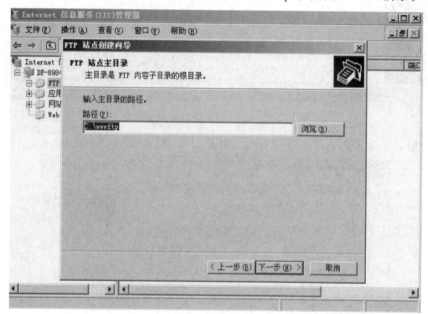

图 1-5-10　设置 FTP 主目录的本地路径

（6）根据向导完成 FTP 服务器配置，如图 1-5-11 所示。

（7）在"Internet 信息服务（IIS）管理器"窗口中右击"FTP 站点"文件夹，在弹出的快捷菜单中选择"属性"命令，弹出"ftp 服务　属性"对话框，如图 1-5-12 所示。

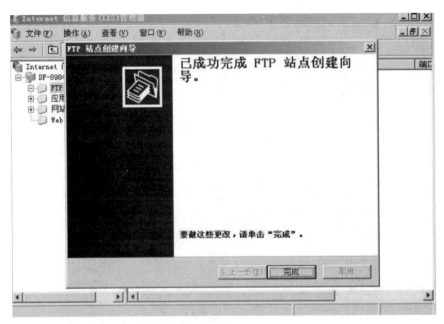

图 1-5-11　FTP 配置向导完成

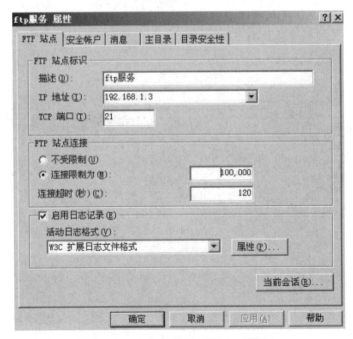

图 1-5-12　"ftp 服务 属性"对话框

（8）在"ftp 服务 属性"对话框中，单击"安全账户"选项卡，可设置是否允许匿名访问或者设置可以访问 FTP 的用户，如图 1-5-13 所示。

（9）在"ftp 服务 属性"对话框中，单击"主目录"选项卡，可设置或更改 FTP 服务的主目录，以及设置访问 FTP 的权限，如图 1-5-14 所示。

（10）在"ftp 服务 属性"对话框中，单击"确定"按钮，至此，FTP 服务的配置完毕。

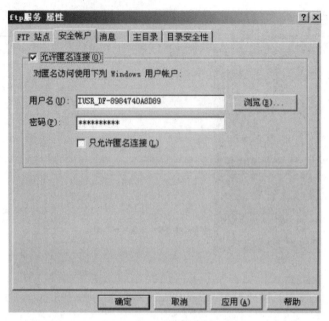

图 1-5-13　FTP 账户设置

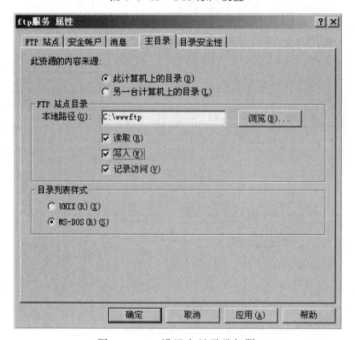

图 1-5-14　设置主目录及权限

步骤 3：在 PC2 上测试，访问 PC1 构建好的 FTP 服务器，进行上传、下载文件。

（1）在 PC2 上登录 FTP 服务器。打开 PC2 的 IE 浏览器，在地址栏上输入 "ftp:// ftp 服务器 IP 地址"，即可测试 FTP 服务器是否架设成功。由于 PC1 的 IP 是 192.168.1.3，所以在 IE 浏览器的地址栏上输入 "ftp:// 192.168.1.3/"，按【Enter】键，就可以访问到刚架设成功的 FTP 服务器，如图 1-5-15 所示。

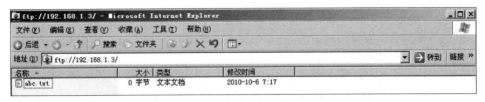

图 1-5-15　访问 FTP 服务器

（2）上传、下载文件。图 1-5-16 所示是从 FTP 服务器上下载资料的界面。

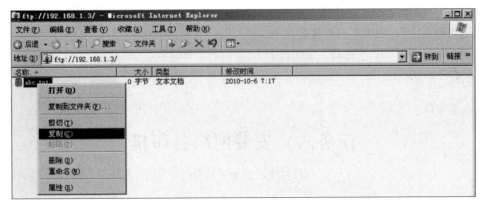

图 1-5-16　从 FTP 服务器上下载资料

小贴士

　　FTP 采用客户/服务器模式，客户端和服务器端之间各自打开一个 TCP 端口，使用 TCP/IP 协议建立连接。FTP 服务器预置两个端口 20 和 21。端口 21 用于发送和接收 FTP 控制信息，FTP 服务器用端口 21 监听客户端的请求信息。端口 20 用于在客户端和服务器之间传播数据流。

　　FTP 专门用于计算机之间的文件、软件等的上传、下载、共享，以及对 Web 站点进行维护。

知识点拨

　　（1）FTP（File Transfer Protocol）是计算机之间实现文件传输的一种协议。客户端可以从 FTP 服务器上下载文件到本地机，也可以将本地文件上传到服务器上。利用 FTP，可以方便地实现文件的交换与共享、软件的上传与下载、Web 网站的维护。

　　（2）在 Windows 操作系统上配置 FTP 服务器，要首先安装 IIS 组件或者从网上下载并安装 FTP 工具。

拓展训练

　　（1）新建一个小区的 FTP 服务器站点，要求如下：

① 设置 FTP 的站点目录为本地路径 d:\wwwftp。

② 允许匿名访问 FTP。

③ 一般用户对 FTP 的操作权限为"只读"。

（2）构造一个企业的 FTP 服务器站点，要求如下：

① 检查系统是否已安装 IIS，若没有安装则先安装 IIS。

② 设置该 FTP 的 IP 地址。

③ FTP 站点的主目录存放在服务器 c:\pub 中。

④ 设置所有的用户只能从 FTP 中下载、浏览其中的文件，而不能上传文件到 FTP 服务器中。

⑤ 客户端要访问 FTP 的时候必须输入用户名 qiye、密码 123456 才可登录访问该 FTP 站点，否则拒绝访问。

⑥ 设置登录 FTP 的欢迎信息为"欢迎你使用公司内部 FTP 站点，请自觉遵守公司制定的网络使用规则……"，最大客户连接数量为 100。

⑦ 在客户端打开 IE 浏览器，登录配置好的 FTP 服务器。

课外作业

什么是 FTP？

任务六　安装网络打印机

（打印机、打印共享）

任务描述

德明学校的软件开发中心有两台计算机，可只有一台打印机，但是两台计算机都要连接打印机。下面通过网络共享打印机，使两台计算机采用轮流使用打印机的方式共用一台打印机，拓扑结构如图 1-6-1 所示。

PC1 安装打印机
并设置打印共享

PC2 使用 PC1 的
共享打印机

图 1-6-1　网络拓扑结构图

【所需设备】两台计算机、一台打印机和正常通信的网络。

任务实现

步骤 1：在 PC1 上安装打印机驱动并设置打印共享。

（1）在 PC1 桌面上选择"开始"|"设置"|"打印机和传真"命令，如图 1-6-2 所示。

（2）在弹出的"打印机和传真"窗口中单击"添加打印机"图标，如图 1-6-3 所示。

（3）在弹出的"添加打印机向导"对话框中单击"下一步"按钮，进入图 1-6-4 所示的界面，选择"连接到此计算机的本地打印机"单选按钮。

图 1-6-2 "开始" 菜单

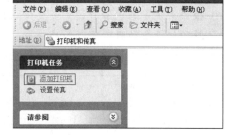

图 1-6-3 添加打印机

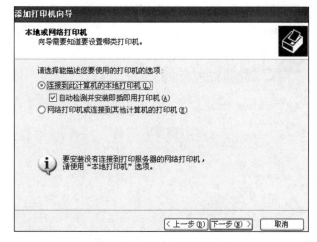

图 1-6-4 添加本地打印机

（4）单击"下一步"按钮，然后查看打印机上标识的型号，若标识的是"Canon iP1800"，那么就按图 1-6-5 所示进行选择。如果找不到要安装的打印机的型号，则单击"从磁盘安装"按钮，手动找到对应打印机的驱动程序。

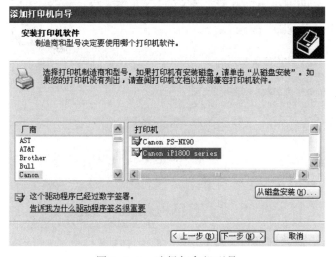

图 1-6-5 选择打印机型号

小贴士

获取打印机驱动程序的三个可选途径：
（1）操作系统是否已带有该型号打印机的驱动程序。
（2）打印机设备的附带驱动程序光盘。
（3）从网络上下载打印机对应型号的驱动程序或者万能驱动程序。

（5）按照提示单击"下一步"按钮。

（6）若要设置打印机为共享，则在"共享名"文本框中输入设定的共享打印机的名称，比如 CanonPrint，如图 1-6-6 所示。

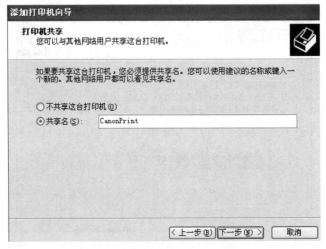

图 1-6-6　设定共享该打印机

（7）继续按照提示单击"下一步"按钮，在弹出的图 1-6-7 所示的界面中，选择是否要使用打印机进行打印测试。

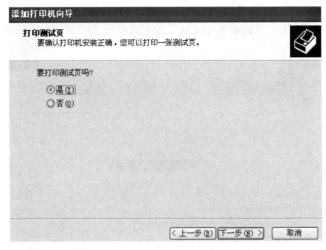

图 1-6-7　测试打印机

（8）安装完成之后出现图 1-6-8 所示的图标。

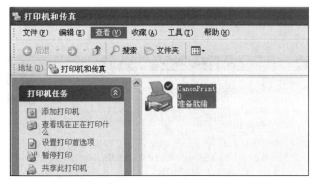

图 1-6-8　安装完成

步骤 2：在 PC2 上安装网络打印机。

（1）在 PC2 桌面上选择"开始"|"设置"|"打印机和传真"命令，如图 1-6-9 所示。

图 1-6-9　"开始"菜单

（2）在弹出的"打印机和传真"窗口中单击"添加打印机"图标，按照添加打印机向导的提示进行操作，选择安装模式为"网络打印机或连接到其他计算机的打印机"，如图 1-6-10 所示。

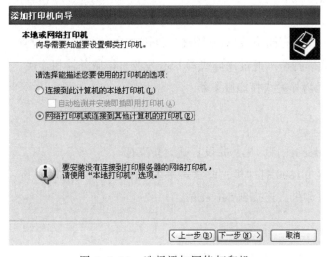

图 1-6-10　选择添加网络打印机

（3）设置连接到共享打印机。输入连接打印机的地址"\\IP\共享打印机名"，若共享打印机的计算机 IP 为"172.20.83.157"，共享打印机的名称为 CanonPrint，则按照图 1-6-11 所示设置 IP。

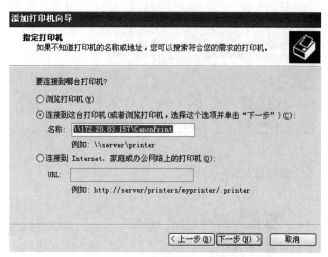

图 1-6-11　设置连接到共享打印机

（4）安装完成后，则在本地计算机上实现了安装网络打印机连接到共享打印机。

步骤 3：测试。在两台计算机都进行测试，以确定是否可以共用打印机。

知识点拨

（1）打印机驱动程序是指使打印机正常工作的硬件驱动程序。配置了打印机以后，必须在计算机上安装相应型号的打印机驱动程序，如果仅仅安装打印机而不安装打印机驱动程序，则没有办法打印文档。打印机驱动程序一般由打印机生产厂商提供，购买打印机时一般都附带有驱动程序的光盘，或从网上下载。假若确实找不到打印机对应型号的驱动程序，也可以尝试网上下载的打印机万能驱动程序。

（2）网络打印机要接入网络，一定要有网络接口。常见的接入方式有两种：一种是自带打印服务器，打印服务器上有网络接口，只需插入网线并给该网络接口设置 IP 地址；另一种是使用外置式打印服务器，打印机通过并口或者 USB 口与打印服务器相连接，打印服务器再与网络连接，图 1-6-1 所示为外置式打印服务器。

拓展训练

（1）安装 HP Laser Jet 打印机，并设置其为共享打印。

（2）安装 Canon ip1800 打印机，设置其为共享打印，共享名称为 Severpri；然后在另一台计算机上安装网络打印机，连接到 Serverpri。

课外作业

请列举获取打印机驱动程序的方法有哪些。

单　元　小　结

　　计算机网络技术是通信技术与计算机技术相结合的产物。计算机网络是按照网络协议，将地球上分散的、独立的计算机相互连接的集合。连接介质可以是电缆、双绞线、光缆、微波、载波或通信卫星。计算机网络具有共享硬件、软件和数据资源的功能，具有对共享数据资源集中处理、管理和维护的能力。本单元主要介绍网络的基础知识和常见概念，也是本书的先导篇章。

第二单元 构建一个简单的局域网

（二层交换机）

技能目标

（1）认识二层交换机功用。

（2）进入交换机配置模式。

（3）查看交换机端口信息。

（4）划分交换机上的 VLAN。

（5）交换机配置 Tag VLAN。

（6）交换机端口安全设置。

素养目标

（1）准确把握问题实现目标。

（2）培养学习网络规则、遵守规则意识。

（3）培养网络安全意识。

（4）严谨的工作态度和职业素养。

交换机（Switch）是一种基于 MAC（网卡硬件地址）地址识别，能够在通信系统中完成信息交换功能的硬件设备，图 2-0-1 所示为一个 24 口 RG-S2126S 二层交换机的实物图。二层交换机是功能比较简单的交换机，主要实现同网段数据的转发功能，常出现在网络内部应用中；而网络之间应用一般就需要由路由器或有路由功能的交换机（三层交换机）实现。

图 2-0-1　二层交换机实物图

二层交换机作为网络建设的基础设施，是数据链路层的设备，能识别 MAC 地址，通过解析数据帧中的目的主机的 MAC 地址，将数据帧快速地从源端口转发至目的端口，从而避免与其他端口发生碰撞，它提高了网络的交换和传输速度。二层交换机的转发数据原理见 图 2-0-2。本单元学习二层交换机的使用、配置以及应用，通过二层交换机搭建一个简单的局域网络。

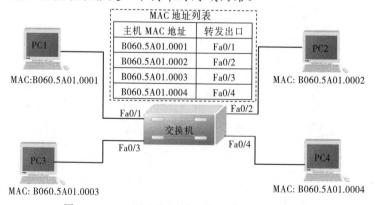

图 2-0-2　二层交换机转发数据的 MAC 地址表

任务一　配置二层交换机

（使用基本配置指令）

任务描述

德明公司刚买进了一台二层交换机，希望利用此交换机增加管理功能。现在使用控制线让计算机的串口与交换机 Console（控制）端口相连，通过计算机超级终端对交换机进行初始化配置。具体要求为：把交换机的名称改为 S2，查看了解交换机的信息，设置接口 Fa0/2 的传输速率为 100 Mbit/s 半双工模式，交换机 enable 密码设置为 admin，最后保存交换机的配置。网络拓扑结构图如图 2-1-1 所示。

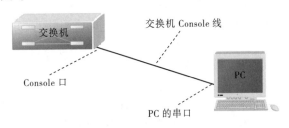

图 2-1-1　用一台计算机配置交换机

【所需设备】一台交换机、一台计算机、一条 RJ-45 控制线，如图 2-1-2 所示。

图 2-1-2　交换机 Console（控制）线

任务实现

步骤 1：在交换机不带电的情况下，使用控制线将计算机与交换机 Console（控制）端口相连接（见图 2-1-1）。

步骤 2：打开交换机的电源开关，启动计算机，让交换机、计算机开始工作。

步骤 3：在计算机桌面上选择"开始"|"附件"|"通讯"|"超级终端"命令，打开超级终端程序，如图 2-1-3 所示。

图 2-1-3　打开超级终端

步骤4：在超级终端建立与交换机的连接。输入连接的名称，选择合适的COM口，配置正确的参数，如图2-1-4所示。

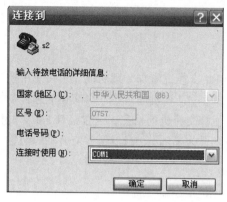

图2-1-4　配置超级终端

步骤5：进入交换机开始初始化配置。

（1）设置交换机名称为S2。

```
Switch>                      ! 进入超级终端控制台，连续按【Enter】键进入配置界面
Switch>enable                ! 进入交换机特权模式
Switch#
Switch#configure terminal    ! 进入交换机配置模式
Switch(config)#hostname S2   ! 改变交换机名称为S2
S2(config)#                  ! 显示改名成功，交换机已改名为S2
S2(config)#exit              ! 退回到上级操作模式，即返回到特权模式
S2#
S2#exit                      ! 返回到用户模式
S2>
```

 小贴士

（1）操作模式。"Switch>"中的符号">"表示交换机处于用户模式，它是进入交换机后得到的第一个操作模式，在该模式下可以简单地查看交换机的软、硬件信息；"Switch# configure terminal"中的"#"表示当前是在交换机的特权模式下操作；"Switch(config)#"中的"(config)#"表示当前是在交换机的配置模式下进行操作。输入一条指令之后按【Enter】键表示确定输入，并执行指令。

（2）人性化的指令输入方式。输入符号"?"可获得帮助，如"Switch#?" "Switch#configure?"均可获得对应的帮助信息，计算机会自动列举出当前模式下可以执行的指令。完整写法的指令"Switch# configure terminal"可以简写为"Switch# config"，而按【Tab】键会自动补齐Configure指令，还可以通过按【↑】键或【↓】键使用历史指令。

（2）查看交换机的有关信息。

```
S2>                          ! 进入超级终端控制台，连续按【Enter】键进入配置界面
S2>enable                    ! 进入交换机特权模式
S2#
S2#show version              ! 查看交换机的版本信息
Internetwork Operating System Software
```

```
IOS (tm) C2950 Software (C2950-I6Q4L2-M), Version 12.1(22)EA4, RELEASE
SOFTWARE(fc1)
Copyright (c) 1986-2005 by Cisco Systems, Inc.
Compiled Wed 18-May-05 22:31 by jharirba
Image text-base: 0x80010000, data-base: 0x80562000
S2#
S2#show vlan                    ！查看交换机的 VLAN 信息，默认情况下所有接口均属于 VLAN1

VLAN      Name                     Status          Ports
---- -------------------------------- --------- -------------------------------
1         default                  active          Fa0/1, Fa0/2, Fa0/3, Fa0/4
                                                   Fa0/5, Fa0/6, Fa0/7, Fa0/8
                                                   Fa0/9, Fa0/10, Fa0/11, Fa0/12
                                                   Fa0/13, Fa0/14, Fa0/15, Fa0/16
                                                   Fa0/17, Fa0/18, Fa0/19, Fa0/20
                                                   Fa0/21, Fa0/22, Fa0/23, Fa0/24
S2#
S2#show running-config         ！查看交换机当前生效的配置信息
Building configuration...

Current configuration : 943 bytes
!
version 12.1
no service timestamps log datetime msec
no service timestamps debug datetime msec
no service password-encryption
!
hostname S2                    ！可看到已修改交换机的名称
!
interface FastEthernet0/1
!
interface FastEthernet0/2
!
interface FastEthernet0/3
!
interface FastEthernet0/4
!
interface FastEthernet0/5
 --More--                      ！按空格键继续显示下一页或按【Enter】键继续看下一行信息
```

　交换机默认状态下，所有端口均属于同一 VLAN，即 VLAN 1。

　"S2#show version" 表示查看交换机版本信息，"S2#show vlan" 表示查看 VLAN 信息，"S2#show running-config" 表示查看当前生效的配置信息。按【Ctrl+C】组合键结束信息浏览返回到命令输入状态。

（3）配置交换机接口 Fa0/2。

```
S2#
S2#configure terminal          ! 进入交换机配置模式
S2(config)#interface FastEthernet  0/2        ! 进入交换机接口 Fa0/2
S2(config-if)#                 ! 位于接口配置模式
S2(config-if)#speed 100        ! 设置接口 Fa0/2 速率为100Mbit/s
S2(config-if)#duplex half      ! 配置接口的双工模式是半双工
S2(config-if)#no shutdown      ! 开启接口，使其处于工作状态，等待转发数据
S2(config-if)#exit             ! 返回全局模式
S2(config)#exit                ! 返回特权模式
S2#                            ! 位于特权模式
S2#show interface FastEthernet  0/2          ! 查看刚才对接口 Fa0/2 的配置情况
FastEthernet0/2 is up, line protocol is up (connected) ! 查看端口的状态
  Hardware is Lance, address is 00d0.58e7.1002 (bia 00d0.58e7.1002)
  BW 100000 Kbit, DLY 1000 usec,
    reliability 255/255, txload 1/255, rxload 1/255
  Encapsulation ARPA, loopback not set
  Keepalive set (10 sec)
  Half-duplex, 100Mb/s        ! 接口配置信息
  input flow-control is off, output flow-control is off
```

小贴士

"S2(config)#interface FastEthernet 0/2" 可以缩写为 "S2(config)# inter Fa0/2"；"S2#show interface FastEthernet 0/2" 可缩写为 "S2(config)#show inter Fa0/2"；"S2(config-if)#no shutdown" 表示开启端口，"S2(config-if)#shutdown" 表示关闭端口，当端口都处于关闭状态时则无法转发数据。当接口连接了网络设备并且没有关闭端口时，其状态才是 Up 状态；如果接口没有连接其他设备或者对其进行了 Shutdown，则其会处于 Down 状态。

（4）设置交换机 Enable 密码为 admin。

```
S2#
S2#configure terminal          ! 进入交换机配置模式
S2(config)# enable password admin    ! 设置 enable 特权密码为 admin
```
验证配置：
```
S2(config)#exit
S2#exit
S2>
S2>enable                      ! 重新进入特权模式，测试密码是否生效
password:                      ! 现在提示需要输入正确的登录密码才能进入特权配置
S2#                            ! 输入正确密码，进入特权模式
```

小贴士

"Switch (config)#enable password admin"表示配置进入特权模式的密码。给网络设备配置 enable 口令，可防止设备配置被恶意修改，以达到保护设备的目的。

（5）查看设备配置信息。

```
S2#show running-config
version 12.1
hostname S2                                    ！交换机修改名称
!
enable secret 5 $1$mERr$AFX/pZT1Lh7NP3Dp3P      ！enable 密码经过了加密
!
interface FastEthernet0/1
!
interface FastEthernet0/2                        ！端口配置信息
 duplex half
 speed 100
!
interface FastEthernet0/3
!
interface FastEthernet0/4
!
interface FastEthernet0/5
!
interface FastEthernet0/6
!
...
interface vlan1
 no ip address
 shutdown
!
!
line con 0
!
line vty 0 4
 login
line vty 5 15
 login
end
```

（6）保存配置信息。

```
S2#write                              ！保存设备的配置，把配置指令写入到系统文件中
Building configuration...
[OK]
S2#dir                                           ！查看系统文件
Directory of flash:/

  1  -rw-  3058048  <no date>  c2950-i6q4l2-mz.121-22.EA4.bin
```

```
    64016384 bytes total (60958336 bytes free)
```

 小贴士

> 配置完毕之后需要保存配置，否则重启设备之后配置信息会丢失。

（7）删除配置文件，恢复初始配置。

```
S2#dir                                        ！查看系统文件
Directory of flash:/

   1 -rw- 3058048 <no date>      config.text

64016384 bytes total (60958336 bytes free)
S2#delete ?                                   ！输入符号"?"获取帮助信息
  word: File to be deleted
  flash: File to be deleted
S2#delete flash:config.text                   ！删除配置文件
Delete filename [config.text]?
S2#dir                                        ！删除后，再次查看配置文件
Directory of flash:/

No files in directory
```

 小贴士

> 把配置文件 config.text 删除之后，再使用 dir 指令查看时就看不到该系统文件了，系统就恢复到出厂配置。

步骤6：退出超级终端，结束操作。

知识点拨

（1）对交换机的认识。二层交换机所进行的数据交换是属于网络分层结构中第二层的范畴，它工作在数据链路层，它的功能是在网络内部传输帧，用于 LAN-LAN、LAN-WAN 的连接。其中，所谓的网络内部是指这一层的传输不涉及网间设备和网间寻址。一般地，一个以太网内的传输数据帧、一条广域网专线上的传输帧都由数据链路层负责。这里说到的帧是指所传输的数据结构，由帧头、帧尾组成，头中有源、目两层地址，而帧尾中通常包含校验信息，头尾之间的内容即是用户的数据。

（2）交换机的内部组成。

① CPU（交换机处理器）：交换机使用特殊用途集成电路芯片 ASIC，以实现高速的数据传输。

② RAM/DRAM（主存储器）：存储运行配置。

③ Flash ROM（闪存储器）：存储系统软件映像文件等，是可擦可编程的 ROM。

④ ROM（只读 ROM）：存储开机诊断程序、引导程序和操作系统软件。

⑤ 接口电路：它指交换机各端口的内部电路。

（3）交换机的性能指标。

① MPPS 是 Million Packet Per Second 的缩写，即每秒可转发多少个百万数据包。其值越大，交换机的交换处理速度就越快。

② 背板带宽也是衡量交换机性能的重要指标之一，它直接影响交换机的数据包转发和数据流处理的能力。

（4）交换机的功能指标。

① 支持组播。组播不同于单播（点对点通信）和广播，它可以跨网段将数据转发给网络中的一组结点，在视频点播、视频会议、多媒体通信中的应用较多。

② 支持 QoS。QoS 是 Quality of Service（服务质量）的缩写。

③ 广播抑制功能。

④ 支持端口聚合功能。

⑤ 支持 802.1d 协议。

⑥ 支持流量控制。能够控制交换机的数据流量。

（5）超级终端使用。依次选择"开始"|"附件"|"通讯"|"超级终端"命令，打开超级终端程序。

（6）命令操作模式。

① 用户模式"Switch>"：查看交换机的信息，简单测试命令。

② 特权模式"Switch#"：查看、管理交换机配置信息，并进行测试、调试。

③ 全局配置模式"Switch(config)#"：配置交换机的整体参数。

④ 接口配置模式"Switch(config-if)#"：配置交换机的接口参数。

（7）常见指令。

① enable：进入特权模式。

② config：进入全局配置模式。

③ interface FastEthernet 0/1：进入交换机端口 Fa0/1。

④ show version：查看设备内核软件、硬件版本。

⑤ show：查看指令。

⑥ 符号"?"：获取帮助，显示当前模式下所有可执行的命令。

⑦ En：缩写指令 enable。

⑧ enable password：配置用户 enable 密码。

⑨ write：保存配置指令。

（8）命令的快捷键功能。

```
Switch(config-if)# ^Z        !按【Ctrl+Z】组合键退回到特权模式
Switch#
```

（9）命令行操作进行自动补齐简写时，要求所简写的命令必须能够唯一标识该命令。比如 Switch#conf 可以代表 configure，但是 Switch#co 无法代表 configure，因为 co 开头的命令有两个：copy 和 configure，设备无法区别。

拓展训练

（1）按图 2-1-5 所示的网络拓扑结构把交换机与两台计算机连接起来进行通信，要求如下：

① 制作直通线，把两台计算机与交换机的 Fa0/1、Fa0/2 端口相连接。

② 设置两台计算机 PC1、PC2 的 IP 地址。

③ 在 PC1 中 ping PC2 的 IP 地址。

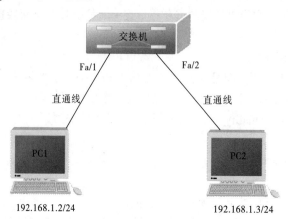

图 2-1-5　网络拓扑结构图

（2）按图 2-1-6 所示的网络拓扑结构对交换机进行配置，要求如下：

① 修改交换机的名称为 jieru。

② 设置端口 Fa0/10 的传输速率为 100 Mbit/s。

③ 查看对交换机配置的信息。

④ 保存对交换机的配置。

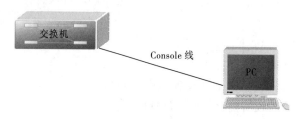

图 2-1-6　网络拓扑结构图

（3）按图 2-1-7 所示的网络拓扑结构对交换机进行配置，要求如下：

① 修改交换机的名字为 SA。

② 设置端口 Fa0/1 的传输速率为 10 Mbit/s，半双工模式。

③ 查看交换机 Fa0/1 接口的配置信息。

④ 设置交换机 enable 密码为 china。

⑤ 查看对交换机配置的信息。

⑥ 保存对交换机的配置。

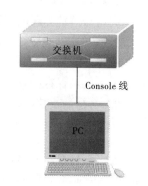

图 2-1-7　网络拓扑结构图

（4）按图 2-1-8 所示的网络拓扑结构对交换机进行配置，要求如下：

① 把交换机命名为 Switch2。

② 设置 enable 密码为 admin。

（5）按图 2-1-9 所示的网络拓扑结构对交换机进行配置，要求如下：

① 连接网络。制作三条直通线，将 PC1、PC2、PC3 分别连接到交换机的接口 Fa0/1、Fa0/2、Fa0/3。

② 交换机重新命名。配置交换机的名称为 SwitchC。

③ 配置交换机。设置交换机的 enable 密码为 admin123。

④ 设置计算机 IP。分别设置 PC1、PC2、PC3 三台计算机的

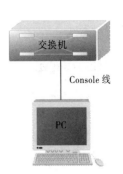

图 2-1-8　网络拓扑结构图

IP 地址为 192.168.1.10/ 255.255.255.0，192.168.1.20/255.255.255.0，192.168.1.30/255.255.255.0。

⑤ 在 PC1 上 ping PC2，在 PC1 上 ping PC3，查看 ping 结果。

⑥ 设置交换机接口 Fa0/1、Fa0/2、Fa0/3 的速率均为 100 Mbit/s，接口全为双工模式；接着进入接口 Fa0/3，输入指令 shutdown 使其处于 Down 状态。

⑦ 检查端口 Up 状态与 Down 状态对网络的影响。在 PC1 上 ping PC2，在 PC1 上 ping PC3，查看 ping 结果。

⑧ 查看交换机配置后的信息。

⑨ 利用 write 指令保存配置。

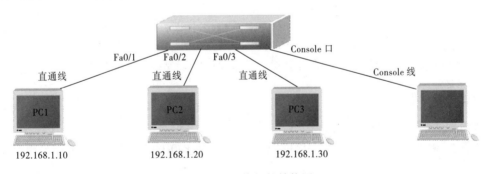

图 2-1-9　网络拓扑结构图

课外作业

二层交换机常见配置指令有哪些？

任务二　部门之间网络安全隔离

（按部门划分 VLAN）

任务描述

德明公司有销售部与财务部两个部门，销售部内部的个人计算机需要相互进行通信，财务部内部的个人计算机也需要相互进行通信，但为了数据安全，销售部与财务部两个部门之间的计算机需要相互隔离。现需要在交换机上划分两个 VLAN：VLAN10、VLAN20，将 Fa0/1 至 Fa0/15 加入 VLAN10，Fa0/16 至 Fa0/20 加入 VLAN20，其网络拓扑结构如图 2-2-1 所示。

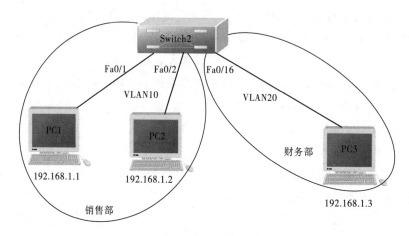

图 2-2-1　网络拓扑结构图

【所需设备】一台交换机、三台计算机、一条 RJ-45 控制线、三条网线。

任务实现

步骤 1：制作好三条直通线。

步骤 2：用网线将 PC1、PC2、PC3 分别与交换机的 Fa0/1、Fa0/2、Fa0/16 端口相连接（见图 2-2-1）。

步骤 3：给 PC1、PC2、PC3 分别设置 IP 地址为 192.168.1.1、192.168.1.2、192.168.1.3。

步骤 4：在 PC1 上使用 ping 命令验证 PC1 与 PC2 能否相互通信、PC1 与 PC3 能否相互通信。可观察到 PC1、PC2、PC3 相互连通，如图 2-2-2 所示。

步骤 5：用 RJ-45 控制线将计算机 PC1 的 COM 口与交换机 Console 口相连。

步骤 6：打开交换机的电源开关，启动计算机，让交换机、计算机开始工作。

步骤 7：在 PC1 上依次选择 "开始" | "附件" | "通讯" | "超级终端" 命令，打开超级终端程序，登录交换机的配置界面。

步骤 8：划分 VLAN。进入全局配置模式创建 VLAN10，将其命名为 xiaoshou；创建 VLAN20，将其命名为 caiwu。

```
Switch>
Switch>enable
```

```
Switch#configure terminal
Switch(config)#hostname Switch2
Switch2(config)#vlan 10                    ! 创建 VLAN10
Switch2(config-vlan)#name xiaoshou         ! 将 VLAN10 命名为 xiaoshou
Switch2(config-vlan)#exit
Switch2(config)#vlan 20                     ! 创建 VLAN20
Switch2(config-vlan)#name caiwu            ! 将 VLAN20 命名为 caiwu
Switch2(config-vlan)#exit
Switch2(config)#exit
Switch2#
```

验证配置：

```
Switch2#show vlan                           ! 显示已配置的 VLAN 信息

VLAN   Name                         Status      Ports
----   --------------------------   ---------   --------------------------
1      default                      active      Fa0/1, Fa0/2, Fa0/3, Fa0/4
                                                Fa0/5, Fa0/6, Fa0/7, Fa0/8
                                                Fa0/9, Fa0/10, Fa0/11, Fa0/12
                                                Fa0/13, Fa0/14, Fa0/15, Fa0/16
                                                Fa0/17, Fa0/18, Fa0/19, Fa0/20
                                                Fa0/21, Fa0/22, Fa0/23, Fa0/24
10     xiaoshou                     active
20     caiwu                        active
```

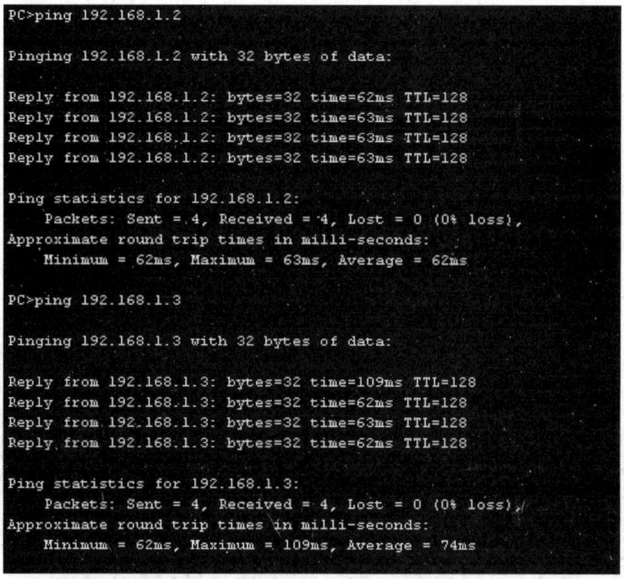

```
PC>ping 192.168.1.2

Pinging 192.168.1.2 with 32 bytes of data:

Reply from 192.168.1.2: bytes=32 time=62ms TTL=128
Reply from 192.168.1.2: bytes=32 time=63ms TTL=128
Reply from 192.168.1.2: bytes=32 time=63ms TTL=128
Reply from 192.168.1.2: bytes=32 time=63ms TTL=128

Ping statistics for 192.168.1.2:
    Packets: Sent = 4, Received = 4, Lost = 0 (0% loss),
Approximate round trip times in milli-seconds:
    Minimum = 62ms, Maximum = 63ms, Average = 62ms

PC>ping 192.168.1.3

Pinging 192.168.1.3 with 32 bytes of data:

Reply from 192.168.1.3: bytes=32 time=109ms TTL=128
Reply from 192.168.1.3: bytes=32 time=62ms TTL=128
Reply from 192.168.1.3: bytes=32 time=63ms TTL=128
Reply from 192.168.1.3: bytes=32 time=62ms TTL=128

Ping statistics for 192.168.1.3:
    Packets: Sent = 4, Received = 4, Lost = 0 (0% loss),
Approximate round trip times in milli-seconds:
    Minimum = 62ms, Maximum = 109ms, Average = 74ms
```

图 2-2-2　在 PC1 中 ping PC2、PC3

小贴士

创建 VLAN 使用指令 vlan VLANID，删除 VLAN 使用指令 no vlan VLANID。

步骤 9：将端口加入 VLAN。将 Fa0/1～Fa0/15 加入 VLAN10，Fa0/16～Fa0/20 加入 VLAN20。

```
Switch>
Switch>enable
Switch2#configure
```

```
Switch2(config)#interface range FastEthernet 0/1-15  ! 进入一组接口 Fa0/1-15
```

 小贴士

可以一个一个地把端口加入 VLAN，也可以把一组接口同时加入 VLAN。

```
Switch2(config-if-range)#switchport access vlan 10      ! 把端口加入 VLAN
```

 小贴士

把某端口加入 VLAN 使用指令 "switchport access vlan10"；而把端口从 VLAN 中分离出来使用指令 "no switchport access vlan10"。

```
Switch2(config-if-range)#exit
Switch2(config)#interface range FastEthernet 0/16-20    ! 进入一组接口 Fa0/16-20
Switch2(config-if-range)#switchport access vlan 20
Switch2(config-if-range)#exit
Switch2(config)#exit
Switch2#
```

验证配置：

```
Switch2#show vlan                                       ! 显示 VLAN 信息
```

VLAN	Name	Status	Ports
1	default	active	Fa0/21, Fa0/22, Fa0/23, Fa0/24
10	xiaoshou	active	Fa0/1, Fa0/2, Fa0/3, Fa0/4
			Fa0/5, Fa0/6, Fa0/7, Fa0/8
			Fa0/9, Fa0/10, Fa0/11, Fa0/12
			Fa0/13, Fa0/14, Fa0/15
20	caiwu	active	Fa0/16, Fa0/17, Fa0/18, Fa0/19
			Fa0/20

步骤 10：在 PC1 上使用 ping 命令，验证知 PC1 与 PC2 能相互通信，PC1 与 PC3 不能相互通信，如图 2-2-3 所示。

```
PC>ping 192.168.1.2

Pinging 192.168.1.2 with 32 bytes of data:

Reply from 192.168.1.2: bytes=32 time=47ms TTL=128
Reply from 192.168.1.2: bytes=32 time=63ms TTL=128
Reply from 192.168.1.2: bytes=32 time=63ms TTL=128
Reply from 192.168.1.2: bytes=32 time=49ms TTL=128

Ping statistics for 192.168.1.2:
    Packets: Sent = 4, Received = 4, Lost = 0 (0% loss),
Approximate round trip times in milli-seconds:
    Minimum = 47ms, Maximum = 63ms, Average = 55ms

PC>ping 192.168.1.3

Pinging 192.168.1.3 with 32 bytes of data:

Request timed out.
Request timed out.
Request timed out.
Request timed out.

Ping statistics for 192.168.1.3:
    Packets: Sent = 4, Received = 0, Lost = 4 (100% loss),
```

图 2-2-3　PC1 与 PC2、PC3 的连通性

步骤 11：保存交换机的配置。

Switch2#write

知识点拨

（1）交换机的工作原理。交换机的工作原理是存储转发，它先将某个端口发送的数据帧存储下来，通过解析数据帧，获得目的 MAC 地址；然后在交换机的 MAC 地址与端口对应表中，检索该目的主机所连接到的交换机端口，找到后就立即将数据帧从源端口直接转发到目的端口。

利用交换机提高了数据的交换处理速度和效率，但连接在交换机上的所有设备仍都处于同一个广播域。由于在局域网技术中，广播帧是被大量使用的，这些大量的广播帧将占用大量的网络带宽，并给主机处理广播帧造成额外的负担。网络越大，用户数量越多，就越容易形成广播风暴，因此，必须对广播域进行隔离，以抑制广播风暴的产生。

可使用路由器来实现隔离广播域，路由器不会转发广播帧，但可有效分割广播域，并实现网间通信。由于路由器的成本较高，为了实现经济的解决方案，诞生了虚拟局域网技术。

（2）虚拟局域网技术。虚拟局域网（Virtual Local Area Network，VLAN）是将局域网从逻辑上划分成若干个子网的交换技术。每个子网形成的一个独立网段称为一个 VLAN，每个网段内的所有主机间的通信和广播仅限于该 VLAN 内，广播帧不会被转发到其他网段，即一个 VLAN 就是一个广播域。VLAN 间是不能进行直接通信的，从而就实现了对广播域的分割和隔离。

要实现 VLAN 间的通信，须借助外部路由器的路由转发来实现，或利用三层交换机的路由模块来实现。在目前的局域网组网中，普遍使用虚拟局域网技术来隔离和减小广播域。

（3）创建 VLAN。直接在全局模式下，输入 "vlan10" 即可创建 VLAN10。

（4）将一个端口加入 VLAN，如：

Switch2(config)#interface FastEthernet 0/1
Switch2(config-if)#switchport access vlan10

（5）将一组端口加入 VLAN，如：

Switch2(config)#interface range FastEthernet 0/1-15
Switch2(config-if-range)#switchport access vlan10

拓展训练

（1）按图 2-2-4 所示的网络拓扑结构对交换机进行配置，要求如下：

① 设置 enable 密码为 bisai。

② 创建 VLAN10、VLAN20、VLAN30。

③ 将 Fa0/1-10 加入 VLAN10，Fa/11-20 加入 VLAN20，Fa/21-22 加入 VLAN30。

④ 在 PC1 中 ping PC2 的 IP、ping PC3 的 IP、ping PC4 的 IP，并把 ping 的结果抓图保存为 T2-2-1-1.jpg。

⑤ 导出配置文件，保存为 T21.text。

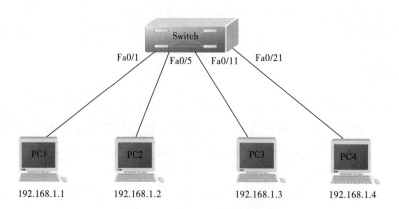

图 2-2-4　网络拓扑结构图

（2）按图 2-2-5 所示的网络拓扑结构对交换机进行配置，要求如下：

① 设置 enable 密码为 bisai。

② 创建 VLAN10、VLAN20、VLAN30、VLAN 40，并将它们分别命名为 yuwen、shuxue、jixie、dianzi。

③ 将 Fa0/1-5 加入 VLAN10，Fa/6-10 加入 VLAN20，Fa/11-15 加入 VLAN30，Fa/16-20 加入 VLAN40。

④ 在 PC1 中 ping PC2 的 IP、ping PC3 的 IP，并把 ping 的结果抓图保存为 T2-2-5-1.jpg。

⑤ 在 PC3 中 ping PC2 的 IP、ping PC4 的 IP，并把 ping 的结果抓图保存为 T2-2-5-2.jpg。

⑥ 导出配置文件，保存为 T22.text。

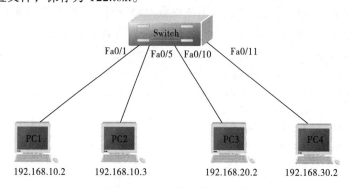

图 2-2-5　网络拓扑结构图

（3）按图 2-2-6 所示的网络拓扑结构对交换机进行配置，要求如下：

① 设置 enable 密码为 china。

② 创建 VLAN100、VLAN200。

③ 将 Fa0/1-10 加入 VLAN100，Fa/11-20 加入 VLAN200。

④ 在 PC1 中 ping PC2 的 IP、ping PC3 的 IP，并把 ping 的结果抓图保存为 T2-2-6-1.jpg。

⑤ 在 PC3 中 ping PC2 的 IP、ping PC4 的 IP，并把 ping 的结果抓图保存为 T2-2-6-2.jpg。

⑥ 导出配置文件，保存为 T23.text。

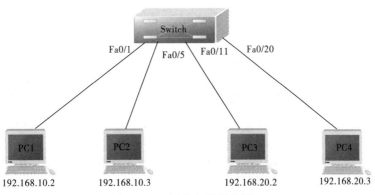

图 2-2-6　网络拓扑结构图

课外作业

（1）什么是 VLAN？

（2）为什么要创建 VLAN？

（3）如何创建 VLAN？划分 VLAN 有什么作用？

（4）端口怎样加入到某个 VLAN？

任务三　跨交换机 VLAN 通信

（交换机接口设置为 Trunk 模式）

任务描述

德明公司有销售部与财务部两个部门，销售部内部的个人计算机需要相互进行通信，财务部内部的个人计算机也需要相互进行通信；为了数据安全，销售部与财务部两个部门之间的计算机需要相互隔离。近年来由于业务的发展，新建了一栋办公室楼，销售部和财务部在老楼和新楼中都有办公室。现需要在两个交换机上均划分出两个 VLAN：VLAN10、VLAN20，将 Fa0/1 至 Fa0/15 加入 VLAN10，Fa0/16 至 Fa0/20 加入 VLAN20；两交换机通过 F0/24 端口相连接，其网络拓扑结构如图 2-3-1 所示。

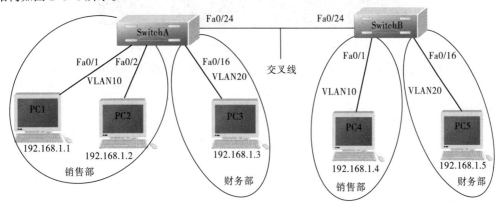

图 2-3-1　网络拓扑结构图

【所需设备】两台交换机 S2126、五台计算机、一条 RJ-45 控制线、五条直通线与一条交叉线。

![任务实现]

步骤1：网络连线。使用五条直通线连接 PC 与交换机，一条交叉线连接两台交换机，将 PC1、PC2、PC3 分别与交换机 A 的 Fa0/1、Fa0/2、Fa0/16 端口相连接，PC4、PC5 分别与交换机 B 的 Fa0/1、Fa0/16 端口相连接（见图 2-3-1）。

步骤2：PC1、PC2、PC3、PC4、PC5 分别设置 IP 地址为 192.168.1.1、192.168.1.2、192.168.1.3、192.168.1.4、192.168.1.5。

步骤3：在 PC1 中使用 ping 命令，验证 PC1 与其他计算机能否相互通信，可观察到 PC1 与 PC2、PC3、PC4、PC5 相互连通，如图 2-3-2 所示。

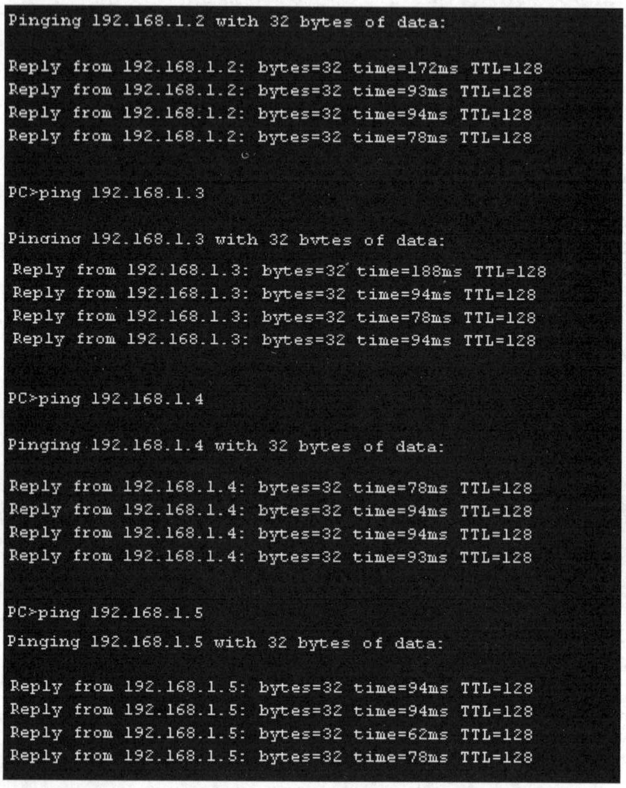

```
Pinging 192.168.1.2 with 32 bytes of data:

Reply from 192.168.1.2: bytes=32 time=172ms TTL=128
Reply from 192.168.1.2: bytes=32 time=93ms TTL=128
Reply from 192.168.1.2: bytes=32 time=94ms TTL=128
Reply from 192.168.1.2: bytes=32 time=78ms TTL=128


PC>ping 192.168.1.3

Pinging 192.168.1.3 with 32 bytes of data:

Reply from 192.168.1.3: bytes=32 time=188ms TTL=128
Reply from 192.168.1.3: bytes=32 time=94ms TTL=128
Reply from 192.168.1.3: bytes=32 time=78ms TTL=128
Reply from 192.168.1.3: bytes=32 time=94ms TTL=128


PC>ping 192.168.1.4

Pinging 192.168.1.4 with 32 bytes of data:

Reply from 192.168.1.4: bytes=32 time=78ms TTL=128
Reply from 192.168.1.4: bytes=32 time=94ms TTL=128
Reply from 192.168.1.4: bytes=32 time=94ms TTL=128
Reply from 192.168.1.4: bytes=32 time=93ms TTL=128


PC>ping 192.168.1.5

Pinging 192.168.1.5 with 32 bytes of data:

Reply from 192.168.1.5: bytes=32 time=94ms TTL=128
Reply from 192.168.1.5: bytes=32 time=94ms TTL=128
Reply from 192.168.1.5: bytes=32 time=62ms TTL=128
Reply from 192.168.1.5: bytes=32 time=78ms TTL=128
```

图 2-3-2　划分 VLAN 前在 PC1 中 ping 其他 PC

步骤4：对左边的交换机 SwitchA 进行配置，修改名称，划分 VLAN10、VLAN20。

```
Switch>
Switch>en                                            ! 进入特权模式
Switch#configure
Configuring from terminal, memory, or network [terminal]?! 进入全局配置模式
Enter configuration commands, one per line.  End with CNTL/Z.
Switch(config)#
Switch(config)#hostname SwitchA                      ! 修改交换机的名称
SwitchA(config)#
SwitchA(config)#vlan 10                              ! 创建 VLAN10
SwitchA(config-vlan)#name xiaoshou                   ! 将 VLAN10 命名为 xiaoshou
SwitchA(config-vlan)#vlan 20                         ! 创建 VLAN20
```

```
SwitchA(config-vlan)#name caiwu                        !将VLAN20命名为caiwu
SwitchA(config-vlan)#exit
SwitchA(config)#interface range FastEthernet 0/1-15    ! 进入一组端口 Fa0/1-15
SwitchA(config-if-range)#switchport access vlan 10     ! 加入 VLAN10
SwitchA(config-if-range)#exit
SwitchA(config)#interface range FastEthernet 0/16-20   ! 进入一组端口 Fa0/16-20
SwitchA(config-if-range)#switchport access vlan 20     ! 加入 VLAN20
SwitchA(config-if-range)#exit
SwitchA(config-if)#exit
SwitchA(config)#exit
SwitchA#
%SYS-5-CONFIG_I: Configured from console by console
SwitchA#
SwitchA#write
Building configuration...
[OK]
SwitchA#
```

步骤 5：对右边的交换机 SwitchB 进行配置，修改名字，划分为 VLAN10、VLAN20。

```
Switch>
Switch>en                                              ! 进入特权模式
Switch#configure
Configuring from terminal, memory, or network [terminal]?! 进入全局配置模式
Enter configuration commands, one per line.  End with CNTL/Z.
Switch(config)#
Switch(config)#hostname SwitchB                        ! 修改交换机的名称
SwitchB(config)#
SwitchB(config)#vlan 10                                ! 创建 VLAN10
SwitchB(config-vlan)#name xiaoshou                     ! 命名为 xiaoshou
SwitchB(config-vlan)#vlan  20                          ! 创建 VLAN20
SwitchB(config-vlan)#name caiwu                        ! 命名为 caiwu
SwitchB(config-vlan)#exit
SwitchB(config)#interface range FastEthernet 0/1-15    ! 进入一组端口 Fa0/1-15
SwitchB(config-if-range)#switchport access vlan 10     ! 加入 VLAN10
SwitchB(config-if-range)#exit
SwitchB(config)#interface range FastEthernet 0/16-20   ! 进入一组端口 Fa0/16-20
SwitchB(config-if-range)#switchport access vlan 20     ! 加入 VLAN20
SwitchB(config-if-range)#exit
SwitchB(config-if)#exit
SwitchB(config)#exit
SwitchB#
%SYS-5-CONFIG_I: Configured from console by console
SwitchB#
SwitchB#write
Building configuration...
[OK]
SwitchB#
```

步骤 6：验证目前各计算机之间的连通性。在 PC1 使用 ping 命令，验证得知 PC1 与 PC2 能相互通信，PC1 与 PC3 不能相互通信，PC1 与 PC4 不能相互通信，PC1 与 PC5 不能相互通信，如图 2-3-3 所示。

```
Reply from 192.168.1.2: bytes=32 time=62ms TTL=128
Reply from 192.168.1.2: bytes=32 time=62ms TTL=128
Reply from 192.168.1.2: bytes=32 time=62ms TTL=128
Reply from 192.168.1.2: bytes=32 time=63ms TTL=128

PC>ping 192.168.1.3

Pinging 192.168.1.3 with 32 bytes of data:

Request timed out.
Request timed out.
Request timed out.
Request timed out.

PC>ping 192.168.1.4

Pinging 192.168.1.4 with 32 bytes of data:

Request timed out.
Request timed out.
Request timed out.
Request timed out.

PC>ping 192.168.1.5

Pinging 192.168.1.5 with 32 bytes of data:

Request timed out.
Request timed out.
```

图 2-3-3　划分 VLAN 后在 PC1 中 ping 其他 PC

步骤 7：在 SwitchA、SwitchB 的 Fa0/24 端口设置 Trunk 模式，使得跨交换机同一 VLAN 成员可相互通信。

（1）在 SwitchA 的 Fa0/24 端口设置 Trunk 模式。

```
SwitchA#configure
SwitchA (config)#                                    ! 进入全局配置模式
SwitchA(config)#interface FastEthernet0/24           ! 进入 Fa0/24
```

 小贴士

进入端口此处为指令缩写形式，完整写法为 "interface FastEthernet 0/24"。

```
SwitchA(config-if)#switchport mode trunk             ! 设置端口为 Trunk 模式
SwitchA(config-if)#exit
SwitchA(config)#exit
```

 小贴士

按【Ctrl+C】组合键可以快速返回特权模式，也可以连续输入 exit 直到返回特权模式。

```
SwitchA#
%SYS-5-CONFIG_I: Configured from console by console
SwitchA#
SwitchA#write
Building configuration...
[OK]
SwitchA#
```

（2）在 SwitchB 的 Fa0/24 端口设置 Trunk 模式。

```
SwitchB#configure
SwitchB (config)#                              ！进入全局配置模式
SwitchB(config)#interface FastEthernet0/24     ！进入 Fa0/24
SwitchB(config-if)#switchport mode trunk       ！设置端口为 Trunk 模式
SwitchB(config-if)#exit
SwitchB(config)#exit
SwitchB#
%SYS-5-CONFIG_I: Configured from console by console
SwitchB#
SwitchB#write
```

步骤 8：验证目前各计算机之间的连通性。在 PC1 中使用 ping 命令，验证得知 PC1 与 PC2 能相互通信，PC1 与 PC3 不能相互通信，PC1 与 PC4 能相互通信，PC1 与 PC5 不能相互通信，如图 2-3-4 所示。

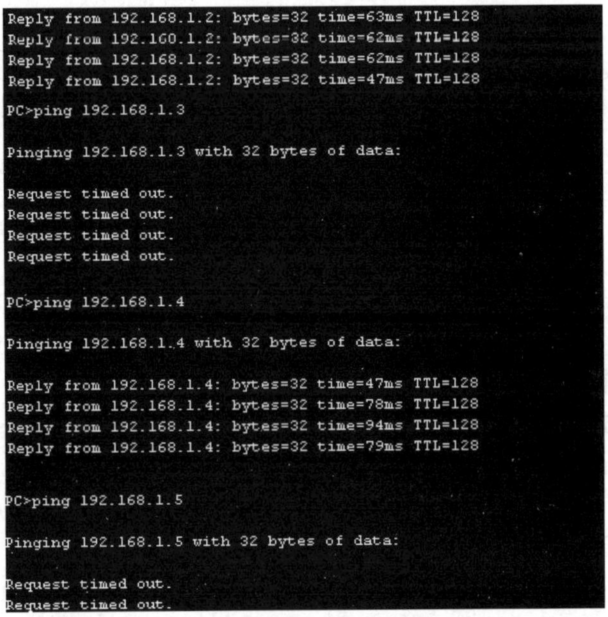

图 2-3-4 设置 Trunk 端口后跨交换机同 VLAN 互通

小贴士

同一个 VLAN 的成员需要跨越多个交换机相互进行通信时，则需将交换机之间互连用的端口设置为 Trunk 端口（主干端口），即设置为 Tag VLAN 模式。

多台交换机上有相同 ID 的 VLAN 要相互通信，通过共享的 Trunk 端口就可以实现；如果是同一台交换机上不同 ID 的 VLAN 或者不同台交换机上不同 ID 的 VLAN 之间要相互通信，就需要通过第三方的路由（路由器或者三层交换机）来实现。

步骤 9：配置完毕，在 SwitchA、SwitchB 中查看 VLAN 配置信息，通过 show run 指令可看到把 Fa0/24 设置为 Trunk 端口后，显示它既属于 VLAN10 成员，又属于 VLAN20 成员。

（1）查看交换机 SwitchA 的 VLAN 成员。

```
SwitchA#
SwitchA# show vlan
VLAN      Name                    Status      Ports
----      -------------------     --------    -------------------------------
1         default                 active      Fa0/21, Fa0/22, Fa0/23
10        xiaoshou                active      Fa0/1, Fa0/2, Fa0/3, Fa0/4
                                              Fa0/5, Fa0/6, Fa0/7, Fa0/8
                                              Fa0/9, Fa0/10, Fa0/11, Fa0/12
                                              Fa0/13, Fa0/14, Fa0/15, Fa0/24
20        caiwu                   active      Fa0/16, Fa0/17, Fa0/18, Fa0/19
                                              Fa0/20, Fa0/24
```

（2）查看交换机 SwitchB 的 VLAN 成员。

```
SwitchB#
SwitchB# show vlan
VLAN      Name                    Status      Ports
----      -------------------     --------    -------------------------------
1         default                 active      Fa0/21, Fa0/22, Fa0/23
10        xiaoshou                active      Fa0/1, Fa0/2, Fa0/3, Fa0/4
                                              Fa0/5, Fa0/6, Fa0/7, Fa0/8
                                              Fa0/9, Fa0/10, Fa0/11, Fa0/12
                                              Fa0/13, Fa0/14, Fa0/15, Fa0/24
20        caiwu                   active      Fa0/16, Fa0/17, Fa0/18, Fa0/19
                                              Fa0/20, Fa0/24
```

知识点拨

（1）跨交换机同 VLAN 通信工作原理。Tag VLAN 是基于交换机端口的另外一种类型，主要用于使跨交换机的相同 VLAN 的计算机之间可直接相互通信，不同 VLAN 的计算机相互隔离。Tag VLAN 遵循 IEEE802.1Q 协议的标准，数据通过配置了 Tag VLAN 的端口进行传输时，将自动在数据帧内添加 4 个字节的 802.1q 标签信息，用于标明该数据帧属于哪一个 VLAN，以及在传到目的交换机时，根据这个 4 个字节的 802.1q 标签信息判别此数据帧属于哪个 VLAN，并去掉 Tag 标签发给接收计算机。

（2）把与交换机相连的端口设置为 Trunk（主干）端口，即设置其为 Tag VLAN 模式，让连接在不同交换机上的相同 VLAN 中的主机可相互通信。

拓展训练

（1）按图 2-3-5 所示的网络拓扑结构对交换机进行配置，要求如下：

① 两边交换机分别命名为 SWA、SWB。

② 设置它们的 enable 密码均为 admin123。

③ 在两个交换机上均划分 VLAN10、VLAN20，将 Fa0/1-10 加入 VLAN10，Fa0/11-20 加入 VLAN20。

④ 将两个交换机的 Fa0/24 端口用交叉线相连，并将 Fa0/24 设置为 Trunk 端口。

⑤ 在交换机 SWA、SWB 上分别输入 show vlan 指令，查看 VLAN 配置信息，把看到的结果抓图保存为 T2-3-5-1.jpg。

⑥ 在 PC1 中使用 ping 命令，以验证其与 PC2、PC3、PC4、PC5 的连通性，并把 ping 的结

果抓图保存为 T2-3-5-2.jpg。

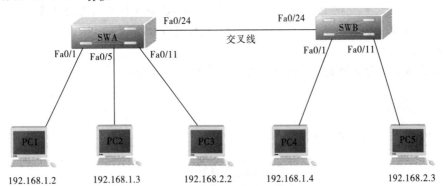

图 2-3-5 网络拓扑结构图

（2）按图 2-3-6 所示的网络拓扑结构对交换机进行配置，要求如下：

① 两边交换机分别命名为 SW1、SW2。

② 在它们上划分 VLAN10、VLAN20、VLAN30、VLAN40,将 Fa0/1-5 加入 VLAN10,Fa0/6-10 加入 VLAN20，Fa0/11-15 加入 VLAN30、Fa0/16-20 加入 VLAN40。

③ 将它们的 Fa0/23 端口用交叉线相连，并将它们的 Fa0/23 端口设置为 Trunk 端口。

④ 在交换机 SW1、SW2 上分别输入 show vlan 指令，查看 VLAN 配置信息，把看到的结果抓图保存为 T2-3-6-1.jpg。

⑤ 在 PC1 中使用 ping 命令，以验证其与 PC2、PC3、PC4、PC5 的连通性，并把 ping 的结果抓图保存为 T2-3-6-2.jpg。

⑥ 在 PC3 中使用 ping 命令，以验证其与 PC4、PC5 的连通性，并把 ping 的结果抓图保存为 T2-3-6-3.jpg。

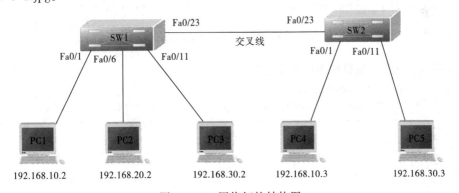

图 2-3-6 网络拓扑结构图

任务四 交换机端口的安全设置

（设备端口安全）

任务描述

德明公司的网络管理人员为了提高接入层交换机的安全性，对接入层的交换机端口进行安全管理配置。为了防止公司内部用户的 IP 地址冲突，以及防止公司内部的网络攻击和破坏行为，为每一位员工分配了固定的 IP 地址，并且只允许公司员工的主机使用的网络接口，不能随意连接其他主机。假若：该公司某员工 PC 主机 MAC 地址是 0004.9AC4.148D，且该主机连接在一台交换机的 Fa0/2 端口上。

【所需设备】一台交换机、两台计算机、一条 RJ-45 控制线、一条直通线。

任务实现

步骤 1：连接网络，如图 2-4-1 所示。

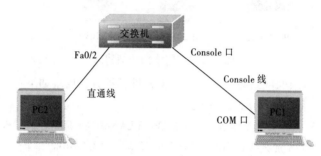

图 2-4-1 网络拓扑结构图

步骤 2：配置交换机的最大连接限制数。

```
Switch>
Switch>en                                          ！进入特权模式
Switch#configure
switch(config)#interface range fastEthernet 0/1-23 ！进行一组端口的配置模式
switch(config-if-range)# switchport mode access     ！交换机端口模式
Switch(config-if-range)#switchport port-security    ！开启交换机的端口安全功能
Switch(config-if-range)#switchport port-security maximum 1
                                                    ！端口最大连接数为1
switch(config-if-range)#switchport port-security violation shutdown
                                                ！安全违例处理方式为 Shutdown
```

验证测试：查看交换机的端口安全配置。

```
Switch#show port-security
```

Secure Port	MaxSecureAddr(count)	CurrentAddr(count)	Security Action
Fa0/1	1	0	Shutdown
Fa0/2	1	1	Shutdown
Fa0/3	1	0	Shutdown
Fa0/4	1	0	Shutdown
Fa0/5	1	0	Shutdown
Fa0/6	1	0	Shutdown
Fa0/7	1	0	Shutdown
Fa0/8	1	0	Shutdown
Fa0/9	1	0	Shutdown
Fa0/10	1	0	Shutdown
Fa0/11	1	0	Shutdown
Fa0/12	1	0	Shutdown
Fa0/13	1	0	Shutdown
Fa0/14	1	0	Shutdown

```
-----------    --------------------    ------------------    ----------------
   Fa0/15               1                      0                 Shutdown
   Fa0/16               1                      0                 Shutdown
   Fa0/17               1                      0                 Shutdown
   Fa0/18               1                      0                 Shutdown
   Fa0/19               1                      0                 Shutdown
   Fa0/20               1                      0                 Shutdown
   Fa0/21               1                      0                 Shutdown
   Fa0/22               1                      0                 Shutdown
   Fa0/23               1                      0                 Shutdown
```

步骤 3：配置交换机端口的地址绑定。

（1）查看主机的 IP 和 MAC 地址信息。在主机上打开 CMD 命令提示窗口，执行 ipconfig/all 命令。

```
PC>ipconfig /all

Physical Address.................: 0004.9AC4.148D
IP Address......................: 192.168.1.6
Subnet Mask....................: 255.255.255.0
Default Gateway.................: 0.0.0.0
DNS Servers....................: 0.0.0.0
```

（2）配置交换机端口的绑定地址。

```
Switch#configure terminal
Switch(config)#interface FastEthernet 0/2
Switch(config-if)#switchport port-security
Switch(config-if)#switchport port-security mac-address 0004.9AC4.148D
```

（3）查看地址安全绑定配置情况。

```
Switch#show port-security address

VLAN   Mac Address      IP Address      Type        Port      Remaining Age(mins)
----   -----------      ----           -----       ------     ------
1      0004.9AC4.148D                  SecureConfigured  FastEthernet0/2
--------------------------------------------------------------------------------
```

步骤 4：查看配置信息。

```
Switch#show running-config

hostname Switch
vlan1
interface FastEthernet 0/1
 switchport port-security
 switchport port-security  violation shutdown
 switchport port-security maximum 1
interface FastEthernet 0/2
 switchport port-security
 switchport port-security  violation shutdown
 switchport port-security maximum 1
interface FastEthernet 0/3
 switchport port-security
 switchport port-security  violation shutdown
 switchport port-security maximum 1
```

```
 switchport port-security mac-address 0004.9AC4.148D ip-address 192.168.1.6
interface FastEthernet 0/4
 switchport port-security
 switchport port-security  violation shutdown
 switchport port-security maximum 1
interface FastEthernet 0/5
 switchport port-security
 switchport port-security  violation shutdown
 switchport port-security maximum 1
interface FastEthernet 0/6
 switchport port-security
 switchport port-security  violation shutdown
 switchport port-security maximum 1
interface FastEthernet 0/7
 switchport port-security
 switchport port-security  violation shutdown
 switchport port-security maximum 1
interface FastEthernet 0/8
 switchport port-security
 switchport port-security  violation shutdown
 switchport port-security maximum 1
interface FastEthernet 0/9
 switchport port-security
 switchport port-security  violation shutdown
 switchport port-security maximum 1
interface FastEthernet 0/10
 switchport port-security
 switchport port-security  violation shutdown
 switchport port-security maximum 1
interface FastEthernet 0/11
 switchport port-security
 switchport port-security  violation shutdown
 switchport port-security maximum 1
interface FastEthernet 0/12
 switchport port-security
 switchport port-security  violation shutdown
 switchport port-security maximum 1
interface FastEthernet 0/13
 switchport port-security
 switchport port-security  violation shutdown
 switchport port-security maximum 1
interface FastEthernet 0/14
 switchport port-security
 switchport port-security  violation shutdown
 switchport port-security maximum 1
interface FastEthernet 0/15
 switchport port-security
 switchport port-security  violation shutdown
 switchport port-security maximum 1
interface FastEthernet 0/16
 switchport port-security
```

```
switchport port-security  violation shutdown
 switchport port-security maximum 1
interface FastEthernet 0/17
 switchport port-security
 switchport port-security  violation shutdown
 switchport port-security maximum 1
interface FastEthernet 0/18
 switchport port-security
 switchport port-security  violation shutdown
 switchport port-security maximum 1
interface FastEthernet 0/19
 switchport port-security
 switchport port-security  violation shutdown
 switchport port-security maximum 1
interface FastEthernet 0/20
 switchport port-security
 switchport port-security  violation shutdown
 switchport port-security maximum 1
interface FastEthernet 0/21
 switchport port-security
 switchport port-security  violation shutdown
 switchport port-security maximum 1
interface FastEthernet 0/22
 switchport port-security
 switchport port-security  violation shutdown
 switchport port-security maximum 1
interface FastEthernet 0/23
 switchport port-security
 switchport port-security  violation shutdown
 switchport port-security maximum 1
interface FastEthernet0/24
 !
 end
```

知识点拨

（1）交换机端口安全功能只能在 Access 接口模式进行配置；若需要将端口设置为 Access 接口，输入指令进入端口后执行 switchport mode access。

（2）交换机最大连接数限制取值范围是 1～128，默认是 128。

（3）交换机最大连接数限制默认的处理方式是 protect。

（4）交换机端口安全违例处理方式有 protect（当安全地址个数满后，安全端口将丢弃未知地址的包）、Shutdown（当违例产生时，将关闭端口并发送一个 trap 通知）、restrict（当违例产生时，将发送一个 trap 通知）。

拓展训练

（1）按下列要求对交换机进行配置：

① 将二层交换机 Fa0/1-15 的最大连接数设置为 1，Fa0/16-20 的最大连接数设置为 10，违例则关闭端口。

② 某台计算机的 IP 地址是 192.168.1.3/24，该计算机的主机连接在一台交换机的 Fa0/1 端口上才能接入网络。

③ 导出配置文件，并将其命名为 S2.text。

（2）按下列要求配置交换机端口的安全：

① 交换机修改名称为 Switch2。

② 设置 enable 密码为 bisai，采用密文方式存储。

③ 某计算机的 MAC 地址是 0004.95C4.148A，该计算机的主机连接在一台交换机的 Fa0/8 端口上才能接入网络。

④ 设置 Fa0/1、Fa0/5、Fa0/8 最大连接数为 1，Fa0/2-4、Fa0/6-7、Fa0/9-23 最大连接数为 2。

单 元 小 结

（1）技能回顾。本单元主要学习了二层交换机的使用以及配置，在交换机上划分 VLAN（虚拟机局域网），以隔离广播域并使同一个 VLAN 内的计算机可直接通信，设置交换机的端口安全。

（2）二层交换机与三层交换机。二层交换机工作在数据链路层，根据 MAC 地址转发数据帧；三层交换机是带路由功能的交换机，可工作在 OSI 的第三层，即网络层，也可工作在第二层。三层交换机作为三层设备使用时相当于一个多端口的路由器，三层交换机能根据 IP 地址转发数据包。

（3）交换机的分类。根据工作协议的层分类，交换机可分为第二层交换机、第三层交换机、第四层交换机、第七层交换机。基于 MAC 地址工作的第二层交换机最为普遍，它能根据数据链路层的信息（MAC 地址）完成不同端口间的数据交换，可用于网络接入层和汇聚层，特别是接入层交换机一般采用二层交换机。第三层交换机具有路由功能，它能识别网络层的 IP 信息，并将 IP 地址用于网络路径的选择，并能够在不同网段间实现数据的交换，它多用于网络的核心层，也少量应用于汇聚层。第四层以上的交换机为应用交换机，主要用于互联网数据中心。

从传输介质和传输速度上划分，交换机可分为以太网交换机、快速以太网交换机、千兆以太网交换机、万兆以太网交换机、FDDI 交换机、ATM 交换机和令牌环交换机等。

从广义上划分，交换机可分为广域网交换机和局域网交换机。广域网交换机主要应用于电信领域，提供通信的基础平台；而局域网交换机则应用于局域网，用于连接终端设备。

（4）二层交换机转发数据的原理。二层交换机根据交换机内的 MAC 地址列表转发数据。

第三单元 组建中型校园内部局域网

（三层交换机基本指令）

技能目标

（1）认识三层交换机功用。

（2）配置三层交换机。

（3）管理核心交换机。

（4）远程操作三层交换机。

（5）配置端口聚合、生成树协议。

素养目标

（1）统一规划管理。

（2）树立主动保护登录账户和密码的意识。

（3）提高远程登录的安全意识，风险防范意识。

三层交换机是具有更高性能的交换机设备，它工作在局域网中。与传统的交换机设备相比，三层交换机加入了路由器设备的部分路由功能。传统的交换机是根据数据帧中的目的 MAC 地址采用广播的形式进行转发的，因此在功能以及应用场合上有很大的局限性，一般只应用在广播影响不大的小型局域网中。三层交换机为 IP 网络设计，适用于大型局域网，它能有效地解决不同网段之间大量互访的问题。图 3-0-1 所示为锐捷 RG-S3760-24 型号的三层交换机，其外形与二层交换机相似。

图 3-0-1　三层交换机实物图

三层交换机作为网络建设的基础设施，它是在二层交换机的基础上加入了 IP 层，具备了路由功能。三层交换机能识别 IP 地址，它通过解析数据帧中目的主机的 IP 地址，将数据帧快速地从源端口转发至目的端口，从而避免与其他端口发生碰撞，从而提高了网络的交换和传输速度。三层交换机转发数据的原理见图 3-0-2。本单元主要学习三层交换机的使用、配置以及应用，并通过三层交换机搭建一个中型校园内部局域网。

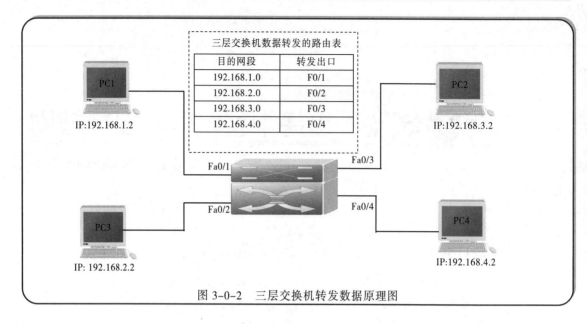

<table>
<tr><td colspan="2">三层交换机数据转发的路由表</td></tr>
<tr><td>目的网段</td><td>转发出口</td></tr>
<tr><td>192.168.1.0</td><td>F0/1</td></tr>
<tr><td>192.168.2.0</td><td>F0/2</td></tr>
<tr><td>192.168.3.0</td><td>F0/3</td></tr>
<tr><td>192.168.4.0</td><td>F0/4</td></tr>
</table>

图 3-0-2　三层交换机转发数据原理图

任务一　初始配置三层交换机

（三层交换机基本指令）

任务描述

希望中学为了组建中型校园内部局域网，采购了一台三层交换机，计划使用该交换机作为局域网的中心交换机。使用前，要先对三层交换机进行初始配置。使用控制线让计算机的串口与交换机的 Console（控制）端口相连接，通过计算机超级终端对三层交换机进行配置。具体要求：把交换机重新命名为 SW3，查看交换机的信息；设置交换机的 enable 密码为 123；最后保存交换机的配置。其网络拓扑结构如图 3-1-1 所示。

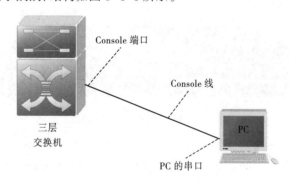

图 3-1-1　配置管理三层交换机

【所需设备】一台三层交换机、一台计算机、一条 RJ-45 控制线。

任务实现

步骤 1：在三层交换机不带电的情况下，使用控制线将计算机与交换机 Console（控制）端口相连接（见图 3-1-1）。

步骤2：打开三层交换机的电源开关，启动计算机，让交换机、计算机开始工作。

步骤3：在计算机中依次选择"开始"｜"附件"｜"通讯"｜"超级终端"命令，打开超级终端程序，如图3-1-2所示。

图3-1-2　打开超级终端程序

步骤4：超级终端与交换机建立连接。输入连接名称，选择合适的COM口，配置正确的参数，如图3-1-3所示。

图3-1-3　配置超级终端

步骤5：进入三层交换机进行配置。

（1）设置交换机名称为SW3。

```
Switch>                         ! 交换机用户模式
Switch>enable                   ! 进入交换机特权模式
Switch#
Switch#configure terminal       ! 进入交换机全局配置模式
Switch(config)#hostname SW3     ! 设置交换机名称为SW3
SW3(config)#                    ! 显示改名成功，交换机已更改名称为SW3
SW3(config)#exit                ! 结束配置，返回到特权模式
SW3#exit                        ! 返回到用户模式
SW3>
```

小贴士

三层交换机的大部分命令与二层交换机相同，在学习时可参考二层交换机的命令。

（2）设置交换机 enable 密码为 123。

```
SW3>                            ！进入超级终端控制台，连续按【Enter】键进入配置界面
SW3>enable                      ！进入交换机特权模式
SW3#                            ！交换机特权模式
SW3#configure terminal          ！进入交换机配置模式
SW3(config)#enable password 123 ！设置 enable 特权操作密码为 123，使用明文
SW3(config)#exit                ！退出全局模式
```

验证配置：

```
SW3#
SW3#exit                        ！退出特权模式
SW3>
SW3>enable                      ！重新进入全局模式，验证登录口令
Password:                       ！输入错误登录密码无法进入全局模式
Password:                       ！输入 123 进入全局模式
SW3#
```

（3）查看三层交换机的有关信息。

```
SW3>enable                      ！进入交换机特权模式
SW3#show running-config         ！查看交换机的配置信息
Building configuration…
Current configuration : 1179 bytes
!
version RGOS 10.3(4), Release(52588)(Mon Mar 16 09:12:47 CST 2009 -ngcf31)
hostname SW3                    ！交换机名称
!
vlan1
!
no service password-encryption
!
enable password 123            ！登录密码，没有加密
!
interface FastEthernet 0/1     ！28 个端口信息
!
interface FastEthernet 0/2
!
interface FastEthernet 0/3
!
interface FastEthernet 0/4
!
interface FastEthernet 0/5
!
interface FastEthernet 0/6
!
interface FastEthernet 0/7
!
interface FastEthernet 0/8
!
interface FastEthernet 0/9
!
interface FastEthernet 0/10
```

```
!
interface FastEthernet 0/11
!
interface FastEthernet 0/12
!
interface FastEthernet 0/13
!
interface FastEthernet 0/14
!
interface FastEthernet 0/15
!
interface FastEthernet 0/16
!
interface FastEthernet 0/17
!
interface FastEthernet 0/18
!
interface FastEthernet 0/19
!
interface FastEthernet 0/20
!
interface FastEthernet 0/21
!
interface FastEthernet 0/22
!
interface FastEthernet 0/23
!
interface FastEthernet 0/24
!
interface GigabitEthernet 0/25
!
interface GigabitEthernet 0/26
!
interface GigabitEthernet 0/27
!
interface GigabitEthernet 0/28
!
line con 0
line vty 0 4
 login
!
end
```

（4）保存配置信息。

```
SW3#write                          ! 保存设备配置，把配置指令写入系统文件中
Building configuration...
[OK]
```

知识点拨

（1）三层交换机相当于一个带有第三层路由功能的二层交换机，它可以像路由器一样识别

数据包的 IP 信息。三层交换机内部有一个 MAC 地址与 IP 地址的映射表，初始为空。当有数据包经过时，三层交换机将首先根据数据包中的目的 IP 地址扫描映射表，查找匹配的 IP 地址，如果找到则获取 MAC 地址，直接从二层交换通过；否则进行路由，根据路由表转发到对应的端口上。转发数据包时，三层交换机会将数据包中源数据包的 MAC 地址与 IP 地址的映射关系更新在映射表中，使下次目的地址为该 IP 的数据包能够直接进行映射。

（2）三层交换机具有以下特点：

① 优化的路由硬件和软件包提高了路由的效率。

② 软硬结合使得数据交换效率更高。

③ 大部分的数据转发由第二层交换处理，只有少部分需要路由处理。

④ 子网增加时，只需与第三层交换模块的逻辑连接，而不需要像传统的路由器那样增加端口，从而大大节省了成本。

拓展训练

按图 3-1-4 所示的网络拓扑结构对三层交换机进行配置，要求如下：

① 修改三层交换机的名称为 SWB。

② 配置 enable 密码为 ruijie。

③ 查看三层交换机的配置信息。

④ 保存三层交换机的配置。

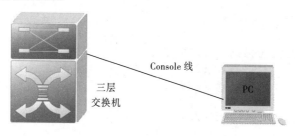

图 3-1-4　网络拓扑结构图

任务二　远程管理三层交换机

（Telnet）

任务描述

三层交换机一般存放在放置重要网络设备的场所，例如网络中心。出于安全考虑，这些场所一般管理非常严格，进出不方便，但这样大大妨碍了三层交换机的管理。因此，需要配置三层交换机的远程管理功能，使管理员在局域网内的任何一个网点都能对三层交换机进行远程配置管理。本任务的网络拓扑结构如图 3-2-1 所示。本任务的目的是实现 PC 通过网络远程登录三层交换机，并对其进行配置。

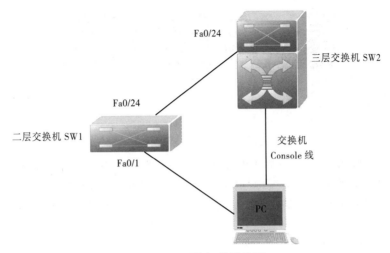

图 3-2-1 网络拓扑结构图

【所需设备】一台三层交换机、一台二层交换机、一台计算机、一条 RJ-45 控制线、两条直通线。

任务实现

步骤 1：制作好两条直通线。

步骤 2：用网线将 PC 与二层交换机 SW1 的 Fa0/1 端口相连接，将三层交换机 SW1 的 Fa0/24 端口与三层交换机 SW2 的 Fa0/24 端口相连接，用 Console 线将 PC 的 COM 串口与 SW2 相连接（见图 3-2-1）。

步骤 3：打开两台交换机的电源开关，启动计算机，让交换机、计算机开始工作。

步骤 4：在 PC 中依次选择"开始"|"附件"|"通讯"|"超级终端"命令，打开超级终端程序，登录三层交换机的配置界面。

步骤 5：配置三层交换机的名字为 SW2，enable 密码为 admin，并且配置与远程登录相关的选项。

```
Switch>                                    ! 交换机用户模式
Switch>enable                              ! 进入交换机特权模式
Switch#configure terminal                  ! 进入交换机全局模式
Switch(config)#hostname SW2                ! 修改交换机名称
SW2(config)#enable password admin          ! 配置交换机Enable 密码
SW2(config)#interface vlan1                ! 进入VLAN1
SW2(config-if-vlan1)#ip address 1.1.1.1 255.255.255.0    ! 配置 VLAN1 的 IP 地址
SW2(config-if-vlan1)#no shutdown
SW2(config-if-vlan1)#exit                  ! 退出配置 VLAN1
SW2(config)#username admin password admin  ! 配置登录交换机的用户名与密码
SW2(config)#line vty 0 4                   ! 进入 VTY 端口配置
SW2(config-line)#login local               ! 配置 VTY 端口，使用本地数据库验证
SW2(config-line)#exit                      ! 退出 VTY 端口配置
SW2(config)#                               ! 配置完成
```

步骤 6：设置 PC 的 IP 地址为 1.1.1.2，选择"开始"|"运行"命令，在弹出的"运行"对话框中输入"cmd"，单击"确定"按钮，在弹出的命令操作符窗口中，输入 telnet 1.1.1.1，远程登录三层交换机，如图 3-2-2 所示。

图 3-2-2　Telnet 远程登录三层交换机

 小贴士

> Telnet 是 Internet 远程登录服务的标准协议和主要方式。使用 Telnet 能实现在本地计算机上完成远程主机的工作。用户可以在本地计算机上使用 Telnet 程序，用它连接到服务器。在 Telnet 程序中输入命令，这些命令会在服务器上运行，就像直接在服务器的控制台上输入一样。

在命令操作符窗口中输入在三层交换机中设置的登录用户名与密码，进入交换机的用户模式，如图 3-2-3 所示。

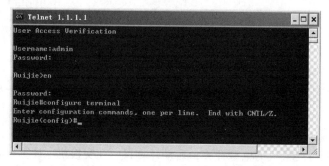

图 3-2-3　输入远程登录的用户名与密码

步骤 7：保存三层交换机的配置。

```
SW2#write
```

知识点拨

本任务的目的是在三层交换机上配置远程登录 Telnet 服务，使连接到交换机的远程计算机可以在本地使用 Telnet 程序远程登录到交换机，从而管理三层交换机。

（1）三层交换机默认全部端口属于 VLAN1，VLAN1 的 IP 地址一般作为三层交换机的管理地址。配置 VLAN1 端口与配置普通物理端口一样，需要先进入该端口，再进行配置。配置方法如下：

```
SW3(config)#interface vlan1                              ! 进入 VLAN1
SW3(config-if-VLAN1)#ip address 1.1.1.1 255.255.255.0    ! 配置VLAN1 的 IP 地址
```

（2）在交换机内部有一个本地用户数据库，当某些服务需要用户验证时，可使用本地用户数据库进行匹配。管理员可以在全局模式下对用户表进行管理，使用"username <用户名> password <密码>"命令添加用户名与密码。例如任务中添加 Telnet 用户名与密码的命令如下（用户名与密码都是 admin）：

```
SW3(config)#username admin password admin       ! 配置登录交换机的用户名与密码
```

（3）VTY（Virtual Type Terminal，虚拟终端连接）是指用户远程登录交换机所使用的线路。VTY 一般有 15 条线路，在使用前需要对登录验证方式进行设置。本任务使用了 0～4 号 5 条 VTY

线路，即同时最多支持 5 个 Telnet 会话。登录验证使用本地用户数据库，命令配置如下：

```
SW3(config)#line vty 0 4          ! 进入 VTY0~4 号端口配置
SW3(config-line)#login local      ! 配置 VTY 端口使用本地数据库验证
SW3(config-line)#exit             ! 退出 VTY 端口配置
```

拓展训练

按图 3-2-4 所示的网络拓扑结构对三层交换机进行配置，要求如下：

（1）在 PC1 中使用超级终端配置三层交换机，将其名称修改为 SWA。

（2）在 SWA 上划分 VLAN，1 至 10 端口为 VLAN1，其余为 VLAN10。

（3）为 VLAN1 配置 IP 地址：192.168.1.1，子网掩码为 255.255.255.0；VLAN10 配置 IP 地址：192.168.2.1，子网掩码为 255.255.255.0。

（4）配置三层交换机的 Telnet 服务，登录用户名为 RuiJie，密码为 1234，最多允许 10 个用户同时远程登录。

（5）配置 PC2 的 IP 地址为 192.168.1.2，子网掩码为 255.255.255.0，网关为 192.168.1.1。启动 Telnet 程序，远程登录三层交换机，并查看其配置信息。

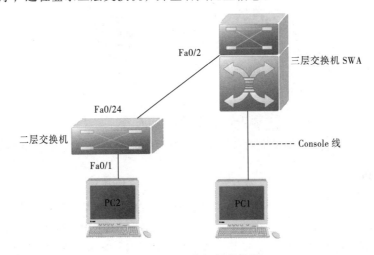

图 3-2-4 网络拓扑结构图

课外作业

（1）任务描述中提出了什么问题？

（2）问题是怎么解决的？

任务三 不同 VLAN 之间的 PC 实现通信

（不同 VLAN 通信）

任务描述

希望中学有语文、数学、英语等科组。为了信息安全，平时只允许同组内的计算机进行相互通信，所以在三层交换机上对不同的科组划分了不同的 VLAN。最近，学校开展了一个新课题，要求语文组与数学组共同完成。此时需要两个科组的信息进行共享，这就涉及三层交换机不同 VLAN 之间的通信技术，图 3-3-1 网络拓扑结构图模拟了这一环境。在三层交换机上需要划分 VLAN10、VLAN20，数学组的 PC1 属于 VLAN10，语文组的 PC2 属于 VLAN20。将交换机的 Fa0/1-10 端口划分为 VLAN10，Fa0/11-20 端口划分为 VLAN20，其余划分为 VLAN1。PC1 连接到交换机的 Fa0/1 端口，PC2 连接到交换机的 Fa0/11 端口，如图 3-3-1 所示。

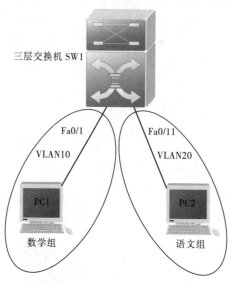

图 3-3-1　网络拓扑结构图

【所需设备】一台三层交换机、两台计算机、一条 RJ-45 控制线、两条直通线。

任务实现

步骤 1：用一条直通线连接 PC1 与三层交换机的 Fa0/1 端口，一条直通线连接 PC2 与三层交换机的 Fa0/11 端口，用 Console 线将 PC1 的 COM 串口与 SW1 相连接（见图 3-3-1）。

步骤 2：打开三层交换机的电源开关，启动计算机，让交换机、计算机开始工作。

步骤 3：在 PC1 中依次选择"开始"|"附件"|"通讯"|"超级终端"命令，打开超级终端程序，登录三层交换机的配置界面。

步骤 4：配置三层交换机的名称与划分 VLAN。

```
Switch>enable                                   ! 进入交换机特权模式
Switch#configure terminal                       ! 进入交换机全局模式
Switch(config)#hostname SW1                      ! 修改交换机的名称
SW1(config)#vlan 10                              ! 创建 VLAN10
SW1(config-vlan)#vlan 20                         ! 创建 VLAN20
SW1(config-vlan)#exit
SW1(config)#interface range FastEthernet 0/1-10 ! 进入 Fa0/1-10 端口
SW1(config-if-range)#switchport access vlan 10  ! 划分 Fa0/1-10 端口为 VLAN10
SW1(config-if-range)#exit
SW1(config)#interface range FastEthernet 0/11-20   ! 进入 Fa0/11-20 端口
SW1(config-if-range)#switchport access vlan 20     ! 划分 Fa0/11-20 端口为 VLAN20
SW1(config-if-range)#exit
```

小贴士

使用 interface range 命令可以同时配置多个端口，提高管理效率。

步骤 5：查看 VLAN 配置信息。

```
SW1(config)#exit
SW1#show vlan                              ! 查看交换机 VLAN 信息
VLAN       Name              Status          Ports
----  ------------------   ------   ------------------------------------
  1        VLAN0001          STATIC   Fa0/21, Fa0/22, Fa0/23, Fa0/24
                                      Gi0/25, Gi0/26, Gi0/27, Gi0/28
 10        VLAN0010          STATIC   Fa0/1, Fa0/2, Fa0/3, Fa0/4
                                      Fa0/5, Fa0/6, Fa0/7, Fa0/8
                                      Fa0/9, Fa0/10
 20        VLAN0020          STATIC   Fa0/11, Fa0/12, Fa0/13, Fa0/14
                                      Fa0/15, Fa0/16, Fa0/17, Fa0/18
                                      Fa0/19, Fa0/20
```

步骤 6：设置 PC1 与 PC2 的 IP 地址，如表 3-3-1 所示。

表 3-3-1　PC1 与 PC2 的 IP 地址

计 算 机	IP 地 址	子网掩码	网 关
PC1	192.168.1.2	255.255.255.0	192.168.1.1
PC2	192.168.2.2	255.255.255.0	192.168.2.1

步骤 7：由于 PC1 与 PC2 处于不同的 VLAN，此时 PC1 与 PC2 不能相互通信，如图 3-3-2 所示。

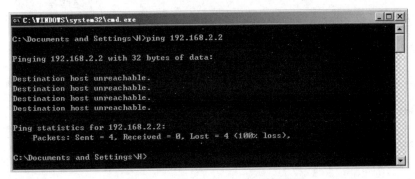

图 3-3-2　在 PC1 上 ping PC2 的结果

步骤 8：配置 VLAN10 与 VLAN20 的 IP 地址，可把这两个 VLAN 的 IP 地址分别作为 PC1、PC2 网关地址，实现两个 VLAN 内 PC 机可以通信。

```
SW1(config)#interface vlan 10                    ! 进入 VLAN10
SW1(config-vlan 10)#ip address 192.168.1.1 255.255.255.0
                                                 ! 配置 VLAN10 的 IP 地址
SW1(config-vlan10)#exit
SW1(config)#interface vlan 20                    ! 进入 VLAN20
SW1(config-vlan20)#ip address 192.168.2.1 255.255.255.0
                                                 ! 配置 VLAN20 的 IP 地址
```

小贴士

1.在三层中配置 VLAN 的 IP 地址，将其作为不同 VLAN 之间数据进行通信的网关。

2.在思科模拟器做不通 VLAN 通信实验时，要输入 ip routing 使得在三层交换机上启用路由功能。

```
SW1(config-vlan20)#exit
SW1(config)#exit
SW1#show running-config                              ! 查看交换机配置信息
 Building configuration...
Current configuration : 1938 bytes
 !
version RGOS 10.4(2) Release(75955)(Mon Jan 25 19:01:04 CST 2010-ngcf34)
hostname SW1
 !
nfpp
 !
vlan1
 !
vlan10
 !
vlan20
 !
no service password-encryption
 !
interface FastEthernet 0/1
 switchport access vlan10
 ...                                                 ! 省略部分信息
interface vlan10                                     ! VLAN10 的配置信息
 no ip proxy-arp
 ip address 192.168.1.1 255.255.255.0
 !
interface vlan20                                     ! VLAN20 的配置信息
 no ip proxy-arp
 ip address 192.168.2.1 255.255.255.0
 !
line con 0
line vty 0 4
 login
 !
end
```

步骤 9：在三层交换机上配置 VLAN10 与 VLAN20 的 IP 地址后，PC1 与 PC2 可以相互通信，如图 3-3-3 所示。

步骤 10：保存三层交换机的配置。

```
SW1#write
```

知识点拨

（1）VLAN 内部的设备通信。VLAN 与普通局域网一样，VLAN 中一台设备发出的信息只能在同一个 VLAN 内进行转发，而不能直接转发到其他 VLAN 之中，这能很好地隔离局域网的广播域，如图 3-3-4 所示。

图 3-3-3　在 PC1 上 ping PC2

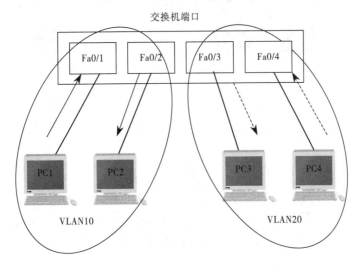

图 3-3-4　VLAN 内部转发数据

（2）VLAN 之间的通信。在图 3-3-4 中，PC1 能与 PC2 通信，PC3 能与 PC4 通信，但由于 VLAN 不同，VLAN10 的 PC1、PC2 不能直接与 VLAN20 的 PC3、PC4 通信。那么如果 PC1 又需要与 PC3 通信怎么办？即不同 VLAN 之间的设备如何进行通信？在三层交换机上的路由模块上，使用路由技术，可以把数据转发到对应的 VLAN 中，再由 VLAN 转发数据，从而实现交换机跨 VLAN 之间的通信，原理如图 3-3-5 所示。为使用三层交换机的路由技术，为需要通信的 VLAN 配置 IP 地址，然后为 VLAN 中的每台需要通信的设备配置 IP 地址与网关（网关配置为 VLAN 的 IP 地址）。这样就可以在三层交换机中实现不同 VLAN 之间的通信。

拓展训练

按图 3-3-6 所示的网络拓扑结构对三层交换机进行配置，要求如下：

（1）连接三台 PC 与三层交换机，如图 3-3-6 所示。

（2）将三层交换机的名称修改为 SWA，enable 密码配置为 admin。

（3）将三层交换机划分为四个 VLAN，端口 Fa0/1-7 划分为 VLAN10，Fa0/8-13 划分为 VLAN20，Fa0/14-20 划分为 VLAN30，其余划分为 VLAN1。

（4）配置 VLAN10，VLAN30 的 IP 地址，使 VLAN10 与 VLAN30 的设备能相互通信。IP 地址自定。

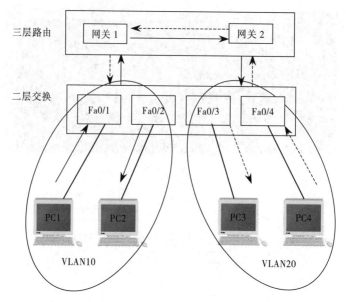

图 3-3-5　不同 VLAN 之间转发数据

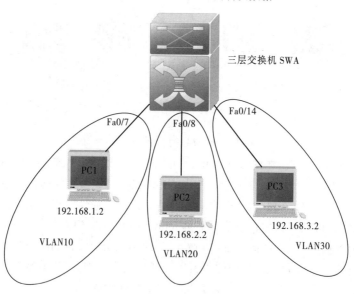

图 3-3-6　网络拓扑结构图

课外作业

（1）"任务描述"中提出了什么问题？是怎么解决问题的？关键配置步骤对应于"任务实现"中的第几步？

（2）VLAN 内部通信与 VLAN 之间通信有什么不同？

任务四 提高主干链路带宽

（链路聚合）

任务描述

希望中学有两栋学生宿舍，每栋宿舍由一台主交换机组成一个局域网，两台主交换机之间使用一条带宽为 100 Mbit/s 的网线相连，两栋宿舍之间的带宽是 100 Mbit/s。当两栋宿舍的学生同时进行通信时，100 Mbit/s 的带宽使用起来就非常紧张，会造成网络传输效率下降，网速明显减慢。

解决这个问题的办法就是提高两台主交换机之间的连接带宽，实现的方法可以是将 100 Mbit/s 带宽改成千兆端口，然而这样无疑要增加成本，并且线缆也需要进一步升级；另一种相对经济的方法是采用链路聚合技术，将几条百兆带宽聚合使用，提高主干链路的带宽。模拟网络的拓扑结构如图 3-4-1 所示，其中，两台三层交换机连接两对端口，配置聚合使之间的带宽增加至 200 Mbit/s。

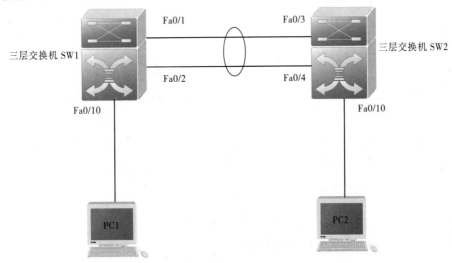

图 3-4-1 链路聚合拓扑结构图

【所需设备】两台三层交换机、两台计算机、一条 RJ-45 控制线、两条直通网线、两条交叉网线。

任务实现

步骤 1：用直通线连接 PC1 和三层交换机 SW1 的 Fa0/10 端口，连接 PC2 和三层交换机 SW2 的 Fa0/10 端口，交换机 SW1 的 Fa0/1、Fa0/2 分别与交换机 SW2 的 Fa0/3、Fa0/4 用交叉线相连，如图 3-4-1 所示。

步骤 2：打开三层交换机的电源开关，启动计算机，让交换机、计算机开始工作。

步骤 3：用 Console 线将 PC1 的 COM 串口与三层交换机 SW1 相连接，在 PC1 中依次选择"开始"|"附件"|"通讯"|"超级终端"命令，打开超级终端程序，登录三层交换机的配置界面。

步骤 4：配置三层交换机 SW1 的端口聚合。

```
Switch>                                    ! 交换机的用户模式
Switch>enable                              ! 进入交换机的特权模式
Switch#configure terminal                  ! 进入交换机的全局模式
Switch(config)#hostname SW1                ! 修改交换机的名称
SW1(config)#interface range FastEthernet 0/1-2  ! 进入 Fa0/1、Fa0/2 端口
SW1(config-if-range)#port-group 1          ! 把 Fa0/1、Fa0/2 端口聚合为端口组 1
SW1(config-if-range)#exit
SW1(config)#exit
```

 小贴士

只有同类型的端口才能聚合，所有的物理端口必须属于同一个 VLAN。

验证测试：查看交换机的配置。

```
SW1#show running-config
Building configuration...
Current configuration : 1334 bytes
!
version RGOS 10.4(2) Release(75955)(Mon Jan 25 19:01:04 CST 2010-ngcf34)
hostname SW1                               ! 交换机名称
!
...                                        ! 省略显示配置信息
interface FastEthernet 0/1
 port-group 1                              ! 端口 fa0/1 属于端口组 1
!
interface FastEthernet 0/2
 port-group 1                              ! 端口 fa0/2 属于端口组 1
!
...                                        ! 省略显示配置信息
```

步骤 5：保存三层交换机的配置。

```
SW2#write
```

步骤 6：用 Console 线将 PC1 的 COM 串口与 SW2 相连接。

步骤 7：配置三层交换机 SW2 的端口聚合。

```
Switch>enable
Switch#configure
Switch(config)#hostname SW2
SW2(config)#interface range FastEthernet 0/3-4   ! 进入 Fa0/3、Fa0/4 端口
SW2(config-if-range)#port-group 1          ! 把 Fa0/3、Fa0/4 端口聚合为端口组 1
SW2(config-if-range)#exit
SW2(config)#exit
```

验证测试：查看交换机的配置。

```
SW2#show running-config
Building configuration...
Current configuration : 1334 bytes
!
version RGOS 10.4(2) Release(75955)(Mon Jan 25 19:01:04 CST 2010-ngcf34)
hostname SW2
!
...                                        ! 省略显示部分配置信息
interface FastEthernet 0/3                 ! 端口 Fa0/3 属于端口组 1
```

```
 port-group 1
 !
interface FastEthernet 0/4              ! 端口 Fa0/4 属于端口组 1
 port-group 1
 !
...                                     ! 省略显示部分配置信息
```

步骤 8：保存三层交换机的配置。

`SW2#write`

步骤 9：设置 PC1 与 PC2 的 IP 地址，如表 3-4-1 所示。

表 3-4-1 PC1 与 PC2 的 IP 地址

计 算 机	IP 地 址	子网掩码	网 关
PC1	192.168.1.2	255.255.255.0	192.168.1.1
PC2	192.168.1.3	255.255.255.0	192.168.1.1

步骤 10：使用 PC1 ping PC2，结果如表 3-4-2 所示。

表 3-4-2 PC1 ping PC2

交换机连接情况	结 果	原 因
正常	通	链路聚合正确，带宽 200 Mbit/s
拔掉 SW2 Fa0/4 端口的网线	通	SW1 的 Fa0/1 与 SW2 的 Fa0/3 相通，带宽 100 Mbit/s

知识点拨

（1）链路聚合技术。链路聚合技术是将交换机的多个物理端口分别连接，在逻辑上通过技术将其捆绑在一起，形成一个复合主干链路，从而提高主干链路的带宽，并且实现主干链路的均衡负载与链路冗余的网络效果，大大提高主干链路的传输速率，增强网络的稳定性。

（2）链路聚合的特点：

① 使用链路聚合技术捆绑在一起的端口可以作为单一连接端口，提供单一连接带宽，即它们带宽的总和。如将 5 个 100 Mbit/s 的端口聚合，那么能提供 500 Mbit/s 的带宽。链路聚合一般用于连接主干网络的服务器或者服务器群，网络数据流被动态地分配到各个端口，从而提高传输的速率。

② 使用链路聚合技术能提高网络的可靠性。如果多个聚合的物理端口的其中一个出现故障，则网络传输的数据流可以动态地转向其他端口传输，从而保证网络的正常工作。

③ 链路聚合技术只能在 100 Mbit/s 以上的链路实现，而且不同品牌的交换机所支持的技术不同，使用时应该详细阅读相关手册。

相关命令 port-group 将一个物理端口设置为聚合链路接口的成员端口。使用该命令的 no 选项可删除相关配置。

- 语法：port-group port-group-number 以及 `no port-group`。
- 参数说明：port-group-number 指聚合链路接口的编号。

拓展训练

按图 3-4-2 所示的网络拓扑结构对三层交换机进行配置，要求如下：

（1）连接各个设备，修改交换机的名称，分别修改为SW1和SW2，如图3-4-2所示。

（2）SW1划分VLAN，将Fa0/1、Fa0/2、Fa0/3、Fa0/4划分为VLAN10，其余划分为VLAN1。SW2划分VLAN，将Fa0/1、Fa0/2、Fa0/3、Fa0/4为VLAN10，其余划分为VLAN1。

（3）将SW1的Fa0/1、Fa0/2、Fa0/3配置为聚合链路，编号为1；将SW2的Fa0/1、Fa0/2、Fa0/3配置为聚合链路，编号为2。

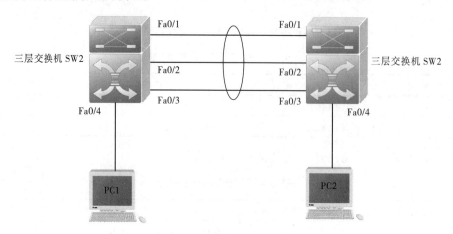

图 3-4-2　网络拓扑结构图

任务五　避免网络环路

（配置生成树协议）

任务描述

随着希望中学校园网规模的扩大，网络越来越庞大，设备之间的连线错综复杂。为了保持网络的稳定，在交换机之间增加了许多冗余链路。本来交换机之间有冗余链路是一件好事，一来可以配置聚合增加带宽，二来可以作为备用链路使用。然而，万一冗余链路处理不当，在网络上出现了环路，而交换机并不知道如何处理环路，只会不断地转发帧，形成一个死循环，最终导致整个网络瘫痪。解决这个问题，需要在交换机上配置生成树协议。配置了生成树协议的交换机能够根据算法将冗余的端口置于"阻断状态"，使网络只有一条链路有效。当链路发生错误，生成树协议会重新根据算法计算网络链路，将"阻断状态"的端口重新打开，从而保障了网络的正常运转，保证了冗余能力。如图3-5-1所示，模拟了最简单的网络环路情况。两台三层交换机连接两条链路，网络出现了环路，需要配置生成树协议解决环路问题。

环路会造成交换机多帧复制，MAC地址表不稳定，广播风暴。当某条链路断开时，另一条取而代之，并且不会产生流量环路。

【所需设备】两台三层交换机、两台计算机、一条RJ45控制线、两条直通线、两条交叉线。

任务实现

步骤1：按图3-5-1连接设备，用直通网线连接PC1和三层交换机SW1的Fa0/10端口，用直通网线连接PC2和三层交换机SW2的Fa0/10端口，交换机SW1的Fa0/1用交叉网线与交换机 SW2 的 Fa0/3 用网线相连。

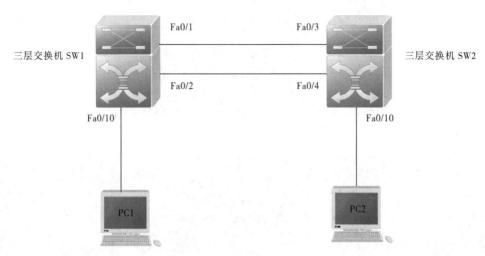

图 3-5-1　网络环路拓扑结构图

步骤 2：打开三层交换机电源开关，启动计算机，让交换机、计算机开始工作。

步骤 3：设置 PC1 与 PC2 的 IP 地址，如表 3-5-1 所示。

表 3-5-1　PC1 和 PC2 的 IP 地址

计 算 机	IP 地 址	子网掩码	网　关
PC1	192.168.1.2	255.255.255.0	192.168.1.1
PC2	192.168.1.3	255.255.255.0	192.168.1.1

步骤 4：使用 PC1 ping PC2，观察到 PC1 与 PC2 是可以通信的，如图 3-5-2 所示。

图 3-5-2　PC1 与 PC2 相通

步骤 5：使用交叉网线把交换机 SW1 的 Fa0/2 与交换机 SW2 的 Fa0/4 端口相连。

步骤 6：使用 PC1 ping PC2，再观察现象。

（1）计算机之间不能通信，如图 3-5-3 所示。由于步骤 5 接线后，网络中 SW1 的 F0/1、F0/2 与 SW2 的 F0/3、F0/4 形成了环路，此时 SW1 的 F0/1、F0/2 端口与 SW2 的 F0/3、F0/4 端口的指示灯很频繁地闪烁，如图 3-5-4 所示，表明网络结构中这些端口收发数据量很大，在交换机内部已经产生环路，形成广播风暴。

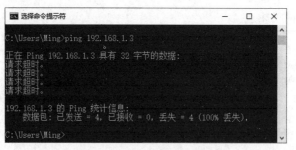

图 3-5-3　PC1 与 PC2 不相通

图 3-5-4　交换机环路端口指示灯频繁闪烁

（2）有时交换机启动时默认开启生成树协议，则不会出现上述现象。

步骤 7：用 Console 线将 PC1 的 COM 串口与 SW1 相连接，在计算机 PC1 中单击"开始"|"附件"|"通讯"|"超级终端"命令，打开超级终端程序，登录三层交换机配置界面。

步骤 8：配置三层交换机 SW1 的生成树协议。

```
switch>enable
switch#configure
switch(config)#hostname SW1
SW1(config)#spanning-tree         ！开启树协议
SW1(config)#exit
SW1#write
```

步骤 9：用 Console 线将 PC1 的 COM 串口与 SW2 相连接，在计算机 PC1 中单击"开始"|"附件"|"通讯"|"超级终端"命令，打开超级终端程序，登录三层交换机配置界面。

步骤 10：配置三层交换机 SW2 的生成树协议。

```
switch>enable
switch#configure
switch(config)#hostname SW2
SW2(config)#spanning-tree         ！开启树协议
SW2(config)#exit
SW2#write
```

步骤 11：验证配置。

（1）交换机 SW1：

```
SW-1#show spanning-tree  ！显示生成树协议信息
StpVersion : MSTP
SysStpStatus : ENABLED
MaxAge : 20
HelloTime : 2
```

```
ForwardDelay : 15
BridgeMaxAge : 20
BridgeHelloTime : 2
BridgeForwardDelay : 15
MaxHops: 20
TxHoldCount : 3
PathCostMethod : Long
BPDUGuard : Disabled
BPDUFilter : Disabled
LoopGuardDef  : Disabled

###### mst 0 vlans map : ALL
BridgeAddr : 001a.a9c2.6b58
Priority: 32768
TimeSinceTopologyChange : 0d:0h:12m:23s
TopologyChanges : 3
DesignatedRoot : 8000.001a.a9c2.6b58
RootCost : 0
RootPort : 0
CistRegionRoot : 8000.001a.a9c2.6b58
CistPathCost : 0
```

（2）交换机SW2：

```
SW-2#    show spanning-tree   ！显示生成树协议信息
StpVersion : MSTP
SysStpStatus : ENABLED
MaxAge : 20
HelloTime : 2
ForwardDelay : 15
BridgeMaxAge : 20
BridgeHelloTime : 2
BridgeForwardDelay : 15
MaxHops: 20
TxHoldCount : 3
PathCostMethod : Long
BPDUGuard : Disabled
BPDUFilter : Disabled
LoopGuardDef  : Disabled

###### mst 0 vlans map : ALL
BridgeAddr : 001a.a9c2.6be8
Priority: 32768
TimeSinceTopologyChange : 0d:0h:10m:38s
TopologyChanges : 3
DesignatedRoot : 8000.001a.a9c2.6b58
RootCost : 0
RootPort : 3
CistRegionRoot : 8000.001a.a9c2.6b58
CistPathCost : 200000
```

小贴士

交换机 SW1 和交换机 SW2 之间两条链路形成了环路，经过在两台交换机配置了生成树协议后，交换机 SW2 的端口 F0/4 成为了阻塞端口，所以避免了两台交换机之间由于环路而引起的端口频繁闪烁的不正常现象，此时端口 F0/4 是备用端口，连接它的链路成为备用链路，因此也起到了冗余作用。

步骤 12：使用 PC1 ping PC2，继续观察现象：

（1）交换机上配置完生成树之后 PC1 与 PC2 就可以避免网络环路，恢复正常通信。

（2）拔掉交换机 SW1 的 F0/1 网线，观察现象，出现了短暂中断，如图 3-5-5 所示。

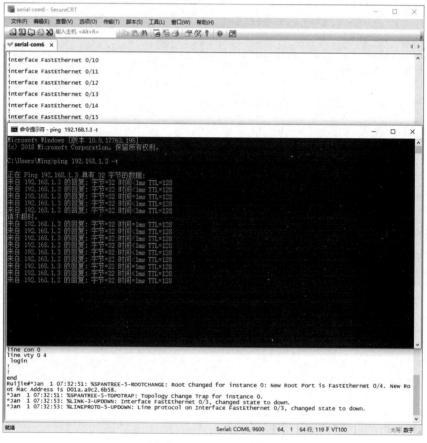

图 3-5-5　PC1 ping PC2

（3）再接上交换机 SW1 的 F0/1 网线，观察，同样出现了短暂中断，如图 3-5-6 所示。

知识点拨

1. 认识生成树协议

生成树协议的功能是维护一个无回路的网络，如果将网络回路中的某个端口暂时"阻塞"，到每个目的地的无回路路径就形成了，设计冗余链路的目的是当网络发生故障时（某个端口

失效）有一条后备路径替补。在全局模式下运行命令 spanning-tree 即启用生成树协议。命令 spanning-tree mode {mstp|stp}为设置交换机运行 spanning-tree 的模式，本命令的 no 操作作为恢复交换机默认的模式，默认模式下交换机运行 MSTP 多生成树协议。

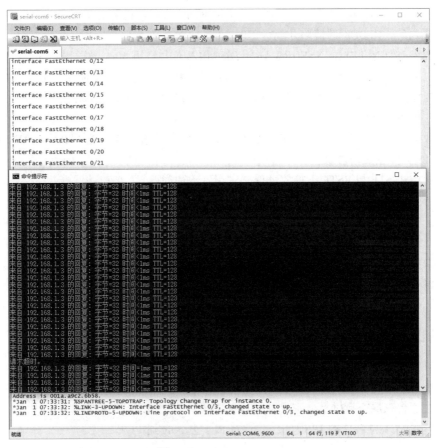

图 3-5-6　PC1 ping PC2

2. 生成树协议工作原理

任意一交换机中如果到达根网桥有两条或者两条以上的链路，生成树协议都根据算法把其中一条切断，仅保留一条，从而保证任意两个交换机之间只有一条单一的活动链路。因为生成的这种拓扑结构，很像是以根交换机为树干的树形结构，故称为生成树协议。

3. 生成树功用

在骨干网络设备连接中，单一链路的连接很容易实现，但往往一个简单的故障就会造成网络的中断。因此，在实际应用中，会在骨干设备之间增加一些链路作为备份连接，以提高网络的健壮性与稳定性。然而备份链路如果配置不当，往往会使网络出现环路，导致网络发生广播风暴、多帧复制与地址表的不稳定等问题，从而最终使网络瘫痪。

为了解决交换机冗余环路带来的"广播风暴"等问题，需要在交换机上启动生成树协议。生成树协议能通过软件协议，判断网络中存在环路的地方，暂时阻断冗余链路，使网络上两点之间只存在唯一路径，从而不会产生环路。

4. 常见生成树协议

（1）STP 生成树协议。

目的：防止冗余时候产生的环路。

原理：所有 VLAN 成员端口为都加入一棵树里面，将备用链路的端口设为 BLOCK，直到主链路出问题之后，BLOCK 的链路才成为 UP，端口的状态转换：

BLOCK>LISTEN>LERARN>FORWARD>DISABLE 总共经历 50 s，生成树协议工作时，正常情况下，交换机的端口要经过几个工作状态的转变。物理链路待接通时，将在 BLOCK 状态停留 20 s，之后是 listen 状态 15 s，经过 15 s 的 learn，最后成为 forward 状态。

缺点：收敛速度慢，效率低。

解决收敛速度慢的补丁：POSTFACT/UPLINKFAST（检查直连链路）/BACKBONEFAST。

（2）MSTP 多生成树协议。

目的：解决 STP 与 RSTP 中的效率低、占用资源的问题。

原理：部分 VLAN 为一棵树。

如果想在交换机上运行 MSTP，首先必须在全局打开 MSTP 开关。在没有打开全局 MSTP 开关之前，打开端口的 MSTP 开关是不允许的。MSTP 定时器参数之间是有相关性的，错误配置可能导致交换机不能正常工作。用户在修改 MSTP 参数时，应该清楚所产生的各个拓扑。除了全局的基于网桥的参数配置外，其他的是基于各个实例的配置，在配置时一定要注意参数对应的事例是否正确。

拓展训练

1. 网络拓扑结构如图 3-5-7 所示，对三层交换机进行配置，要求如下：

（1）按图 3-5-7 连接交换机设备，并且修改相关交换机名称。

（2）在三台三层交换机上分别启动生成树协议，解决网络环路问题。

（3）配置 PC1 与 PC2 的 IP 地址，并且在 PC1 上 ping 通 PC2。

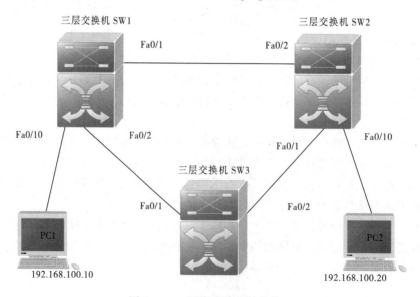

图 3-5-7　网络环路拓扑结构

2. 请参照图 3-5-8 所示，配置生成树协议。

（1）二层交换机 S1、S2 都有 VLAN10、VLAN20。

（2）在核心交换机配置生成树。

（3）SW1 是 VLAN10 的主根、是 VLAN20 的从根，SW2 是 VLAN20 的主根、是 VLAN10 的从根。

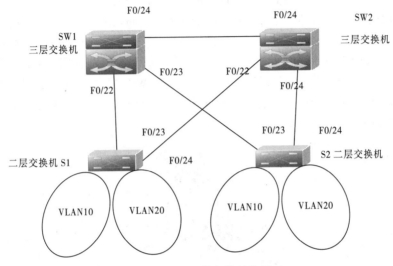

图 3-5-8　网络拓扑结构图

小贴士

　　配置生成树协议，VLAN10 是 SW1 主根、VLAN20 是 SW2 从根也就是副根，VLAN10 是 SW2 的从根，VLAN20 是 SW2 的主根，参考如下做法：

```
SW1(config)#spanning-tree                        ! 开启树协议
SW1(config)#spanning-tree portfast default       ! 开启快速生成树端口配置
SW1(config)#spanning-tree mst config             ! 进入 mstp 配置模式
SW1(config-mst)#instance 10 VLAN 10              ! 创建实例 10 并关联 VLAN10
SW1(config-mst)#instance 20 VLAN 20              ! 创建实例 20 并关联 VLAN20
SW1(config)#spanning-tree mst 10 priority 4096 ! 配置 SW1 是 VLAN10 的主根
SW1(config)#spanning-tree mst 20 priority 8192 ! 配置 SW1 是 VLAN20 的备份根
SW1(config)#spanning-tree                        ! 开启树协议
SW2(config)#spanning-tree portfast default       ! 开启快速生成树端口配置
SW2(config)#spanning-tree mst config             ! 进入 mstp 配置模式
SW2(config-mst)#instance 10 VLAN 10              !创建实例 10 并关联 VLAN10
SW2(config-mst)#instance 20 VLAN 20              !创建实例 20 并关联 VLAN20
SW2(config)#spanning-tree mst 20 priority 4096 ! 配置 SW2 是 VLAN20 的主根
SW2(config)#spanning-tree mst 10 priority 8192 ! 配置 SW2 是 VLAN10 的备份根
```

任务六　单核心交换机管理网络

（核心交换机）

任务描述

　　由于希望中学进行校园全面信息化建设，需要扩建原有的局部网络，在学校的每个教室、办公室等都铺设信息点，将整个学校构建成一个中型校园局域网。学校建立了网控中心，采购了高性能的三层交换机，现要通过三层交换机与各个场室的二层交换机相连，使得场室彼此间能够相互访问，其网络拓扑结构见图3-6-1。三层交换机SW1存放在网控中心，作为校园网的中心交换机，负责各个场室之间的通信；SWA、SWB、SWC是二层交换机，用作连接各个场室内部的所有信息点。为了隔离广播域，在三层交换机上将网络划分三个VLAN，分别为VLAN10、VLAN20和VLAN30。

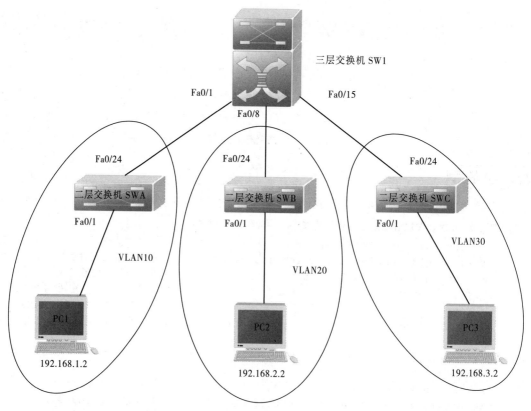

图3-6-1　单核心交换机网络拓扑结构图

　　【所需设备】一台三层交换机、三台二层交换机、三台计算机、一条RJ-45控制线、六条直通线。

任务实现

　　步骤1：连接设备，用直通线连接PC1和二层交换机SWA的Fa0/1端口、PC2和二层交换机SWB的Fa0/1端口、PC3和二层交换机SWC的Fa0/1端口，以及连接二层交换机SWA

的 Fa0/24 端口与三层交换机 SW1 的 Fa0/1 端口、二层交换机 SWB 的 Fa0/24 端口与三层交换机 SW1 的 Fa0/8 端口、二层交换机 SWC 的 Fa0/24 端口与三层交换机 SW1 的 Fa0/15 端口,如图 3-6-1 所示。

步骤 2：打开三层交换机的电源开关,启动计算机,让交换机、计算机开始工作。

步骤 3：用 Console 线将 PC1 的 COM 串口与二层交换机 SWA 相连接,在 PC1 中依次选择 "开始" | "附件" | "通讯" | "超级终端"命令,打开超级终端程序,登录二层交换机 SWA 的配置界面。

步骤 4：配置二层交换机 SWA 的 VLAN 划分。

```
Switch>enable
Switch#configure terminal
Switch(config)#hostname SWA                    ! 配置交换机名称
SWA(config)#vlan 10                            ! 创建 VLAN10
SWA(config-vlan)#exit
SWA(config)#int Fa0/1
SWA(config-if)#switch
SWA(config-if)#switchport access vlan 10       ! 将 Fa0/1 端口划分为 VLAN10
SWA(config-if)#exit
SWA(config)#int Fa0/24
SWA(config-if)#switchport access vlan 10       ! 将 Fa0/24 端口划分为 VLAN10
SWA(config-if)#exit
```

验证配置：

```
SWA#show vlan                                  ! 查看 VLAN 划分信息
```

VLAN	Name	Status	Ports
1	default	active	Fa0/2, Fa0/3, Fa0/4, Fa0/5
			Fa0/6, Fa0/7, Fa0/8, Fa0/9
			Fa0/10, Fa0/11, Fa0/12, Fa0/13
			Fa0/14, Fa0/15, Fa0/16, Fa0/17
			Fa0/18, Fa0/19, Fa0/20, Fa0/21
			Fa0/22, Fa0/23, Gig1/1, Gig1/2
10	VLAN0010	active	Fa0/1, Fa0/24
1002	fddi-default	active	
1003	token-ring-default	active	
1004	fddinet-default	active	
1005	trnet-default	active	

 小贴士

配置完 VLAN 后,最好立刻查看 VLAN 信息,以免因为配置错误影响到后面操作。验证应该做一步验一步,切勿全部都配置好后才进行验证。

保存配置：

```
SWA#write
```

步骤 5：用 Console 线将 PC1 的 COM 串口与二层交换机 SWB 相连接,在超级终端程序登录二层交换机 SWB 的配置界面。

步骤 6：配置二层交换机 SWB 的 VLAN 划分。

```
Switch>enable
Switch#configure terminal
Switch(config)#hostname SWB          ! 配置交换机名称
SWB(config)#vlan 20                  ! 创建 VLAN20
SWB(config-vlan)#exit
SWB(config)#int Fa0/1
SWB(config-if)#switch
SWB(config-if)#switchport access vlan 20    ! 将端口 Fa0/1 划分为 VLAN20
SWB(config-if)#exit
SWB(config)#int Fa0/24
SWB(config-if)#switchport access vlan 20    ! 将端口 Fa0/24 划分为 VLAN20
SWB(config-if)#exit
```

验证配置：

```
SWB#show vlan                        ! 查看 VLAN 划分信息
```

VLAN	Name	Status	Ports
1	default	active	Fa0/2, Fa0/3, Fa0/4, Fa0/5
			Fa0/6, Fa0/7, Fa0/8, Fa0/9
			Fa0/10, Fa0/11, Fa0/12, Fa0/13
			Fa0/14, Fa0/15, Fa0/16, Fa0/17
			Fa0/18, Fa0/19, Fa0/20, Fa0/21
			Fa0/22, Fa0/23, Gig1/1, Gig1/2
20	VLAN0020	active	Fa0/1, Fa0/24
1002	fddi-default	active	
1003	token-ring-default	active	
1004	fddinet-default	active	
1005	trnet-default	active	

保存配置：

```
SWB#write
```

步骤 7：用 Console 线将 PC1 的 COM 串口与二层交换机 SWC 相连接，在超级终端程序登录 SWC 配置界面。

步骤 8：配置二层交换机 SWC 的 VLAN 划分。

```
Switch>enable
Switch#configure terminal
Switch(config)#hostname SWC          ! 配置交换机名称
SWC(config)#vlan 30                  ! 创建 VLAN30
SWC(config-vlan)#exit
SWC(config)#int Fa0/1
SWC(config-if)#switch
SWC(config-if)#switchport access vlan 30    ! 将端口 Fa0/1 划分为 VLAN30
SWC(config-if)#exit
SWC(config)#int Fa0/24
SWC(config-if)#switchport access vlan 30    ! 将端口 Fa0/24 划分为 VLAN30
SWC(config-if)#exit
```

验证配置：

```
SWC#show vlan                                  ! 查看 VLAN 划分信息

VLAN  Name                     Status    Ports
----  --------------------     --------  ------------------------------
1     default                  active    Fa0/2, Fa0/3, Fa0/4, Fa0/5
                                         Fa0/6, Fa0/7, Fa0/8, Fa0/9
                                         Fa0/10, Fa0/11, Fa0/12, Fa0/13
                                         Fa0/14, Fa0/15, Fa0/16, Fa0/17
                                         Fa0/18, Fa0/19, Fa0/20, Fa0/21
                                         Fa0/22, Fa0/23, Gig1/1, Gig1/2
30    VLAN0030                 active    Fa0/1, Fa0/24
1002  fddi-default             active
1003  token-ring-default       active
1004  fddinet-default          active
1005  trnet-default            active
```

保存配置：

```
SWC#write
```

步骤 9：用 Console 线将 PC1 的 COM 串口与三层交换机 SW1 相连接，在超级终端程序登录三层交换机 SW1 的配置界面。

步骤 10：配置三层交换机 SW1 的 VLAN、IP 地址，实现不同 VLAN 之间的通信。

```
Switch>enable
Switch#configure terminal
Switch(config)#hostname SW1                ! 配置交换机名称
SW1(config)#vlan 10                        ! 创建 VLAN10
SW1(config-vlan)#vlan 20                    ! 创建 VLAN20
SW1(config-vlan)#vlan 30                    ! 创建 VLAN30
SW1(config-vlan)#exit
SW1(config)#interface vlan 10              ! 配置 VLAN10 的 IP 地址
SW1(config-vlan10)#ip address 192.168.1.1 255.255.255.0
SW1(config-vlan10)#exit
SW1(config)#interface vlan 20              ! 配置 VLAN20 的 IP 地址
SW1(config-vlan20)#ip address 192.168.2.1 255.255.255.0
SW1(config-vlan20)#exit
SW1(config)#interface vlan 30              ! 配置 VLAN30 的 IP 地址
SW1(config-vlan30)#ip address 192.168.3.1 255.255.255.0
SW1(config-vlan30)#exit
SW1(config)#interface range FastEthernet 0/1-7
SW1(config-if-range)#switchport access vlan 10     ! 划分 VLAN10
SW1(config-if-range)#exit
SW1(config)#interface range FastEthernet 0/8-14
SW1(config-if-range)#switchport access vlan 20     ! 划分 VLAN20
SW1(config-if-range)#exit
SW1(config)#interface range FastEthernet 0/15-21
SW1(config-if-range)#switchport access vlan 30     ! 划分 VLAN30
SW1(config-if-range)#exit
```

验证配置：

SW1#show vlan   ！查看 VLAN 划分信息

VLAN	Name	Status	Ports
1	default	active	Fa0/22, Fa0/23, Fa0/24, Gig0/1 Gig0/2
10	VLAN0010	active	Fa0/1, Fa0/2, Fa0/3, Fa0/4 Fa0/5, Fa0/6, Fa0/7
20	VLAN0020	active	Fa0/8, Fa0/9, Fa0/10, Fa0/11 Fa0/12, Fa0/13, Fa0/14
30	VLAN0030	active	Fa0/15, Fa0/16, Fa0/17, Fa0/18 Fa0/19, Fa0/20, Fa0/21
1002	fddi-default	active	
1003	token-ring-default	active	
1004	fddinet-default	active	
1005	trnet-default	active	

VLAN	Type	SAID	MTU	Parent	RingNo	BridgeNo	Stp	BrdgMode	Trans1	Trans2
1	enet	100001	1500	-	-	-	-	-	0	0
10	enet	100010	1500	-	-	-	-	-	0	0
20	enet	100020	1500	-	-	-	-	-	0	0
30	enet	100030	1500	-	-	-	-	-	0	0
1002	enet	101002	1500	-	-	-	-	-	0	0
1003	enet	101003	1500	-	-	-	-	-	0	0
1004	enet	101004	1500	-	-	-	-	-	0	0
1005	enet	101005	1500	-	-	-	-	-	0	0

```
SW1#show running-config
Building configuration...
Current configuration : 2144 bytes
!
version RGOS 10.4(2) Release(75955)(Mon Jan 25 19:01:04 CST 2010 -ngcf34)
hostname SW1
nfpp
!
vlan1                                   ！各个 VLAN
!
vlan10
!
vlan20
!
vlan 30
!
vlan209
!
no service password-encryption
```

```
!
interface FastEthernet 0/1
 switchport access vlan10
!
interface FastEthernet 0/2
 switchport access vlan10
!
interface FastEthernet 0/3
 switchport access vlan10
!
interface FastEthernet 0/4
 switchport access vlan10
!
interface FastEthernet 0/5
 switchport access vlan10
!
interface FastEthernet 0/6
 switchport access vlan10
!
interface FastEthernet 0/7
 switchport access vlan10
!
interface FastEthernet 0/8
 switchport access vlan20
!
interface FastEthernet 0/9
 switchport access vlan20
!
interface FastEthernet 0/10
 switchport access vlan20
!
interface FastEthernet 0/11
 switchport access vlan20
!
interface FastEthernet 0/12
 switchport access vlan20
!
interface FastEthernet 0/13
 switchport access vlan20
!
interface FastEthernet 0/14
 switchport access vlan20
!
interface FastEthernet 0/15
 switchport access vlan30
!
interface FastEthernet 0/16
 switchport access vlan30
```

！各个端口信息

```
!
interface FastEthernet 0/17
 switchport access vlan30
!
interface FastEthernet 0/18
 switchport access vlan30
!
interface FastEthernet 0/19
 switchport access vlan30
!
interface FastEthernet 0/20
 switchport access vlan30
!
interface FastEthernet 0/21
 switchport access vlan30
!
interface FastEthernet 0/22
!
interface FastEthernet 0/23
!
interface FastEthernet 0/24
!
interface GigabitEthernet 0/25
!
interface GigabitEthernet 0/26
!
interface GigabitEthernet 0/27
!
interface GigabitEthernet 0/28
!
interface vlan1                          ！各个 VLAN 端口的 IP 信息
 no ip proxy-arp
 ip address 1.1.1.1 255.255.255.0
!
interface vlan10
 no ip proxy-arp
 ip address 192.168.1.1 255.255.255.0
!
interface vlan20
 no ip proxy-arp
 ip address 192.168.2.1 255.255.255.0
!
interface vlan30
 no ip proxy-arp
 ip address 192.168.3.1 255.255.255.0
!
line con 0
line vty 0 4
```

```
 login
!
end
```

保存配置：

```
SW1#write
```

步骤 11：设置 PC1 与 PC2 的 IP 地址，如表 3-6-1 所示。

表 3-6-1　PC1 和 PC2 的 IP 地址

计 算 机	IP 地 址	子网掩码	网 关
PC1	192.168.1.2	255.255.255.0	192.168.1.1
PC2	192.168.2.2	255.255.255.0	192.168.2.1
PC3	192.168.3.2	255.255.255.0	192.168.3.1

步骤 12：使用 PC1 ping PC2，PC1 ping PC3，PC2 ping PC3，结果如表 3-6-2 所示。

表 3-6-2　3 台计算机互 ping 结果

操 作	结 果
PC1 ping PC2	通
PC1 ping PC3	通
PC2 ping PC3	通

知识点拨

核心交换机并不是交换机的一种类型，而是作为网络主干部分的交换机，它在网络中起到关键性的作用。核心交换机是针对网络架构而言，如果是包含几台计算机的小局域网，一个八口的小交换机就可以称之为核心交换机。而在网络行业中核心交换机是指有网管功能、吞吐量强大的二层或者三层交换机，一个超过 100 台计算机的网络如果想稳定并高速地运行，核心交换机必不可少。为了实现高速转发通信，提供优化、可靠的主干传输结构，核心交换机应拥有更高的可靠性、性能和吞吐量。而单核心交换机是指只有一个核心交换机，该交换机是网络的中心交换机，管理整个局域网。它一般用于连接几个子网，或者内网的通信出口。图 3-6-1 所示的单核心三层交换机即用于连接三个子网，起到管理整个局域网的作用。

拓展训练

（1）按图 3-6-2 所示的网络拓扑结构对设备进行配置，要求如下：

① 连接交换机设备，并且修改相关交换机名称，如图 3-6-2 所示。

② 配置三层交换机 SW1，划分 Fa0/1-7 为 VLAN10，Fa0/8-20 为 VLAN20，其余为 VLAN1。

③ 配置三层交换机 SW2，划分 Fa0/1-10 为 VLAN10，其余为 VLAN1。

④ 使三层交换机 SW1 与 SW2 的 Fa0/21、Fa0/22 相连，并且 Fa0/21、Fa0/22 端口聚合；Fa0/23、Fa0/24 相连，并且 Fa0/23、Fa0/24 端口聚合。将两个聚合口配置为 Trunk 模式，使两台交换机相同 VLAN 的设备能相互通信。

⑤ 在两台三层交换机上分别启动生成树协议，解决网络环路问题。

⑥ 配置 PC1、PC2、PC3 的 IP 地址，并且在 PC1 上 ping 通 PC2。

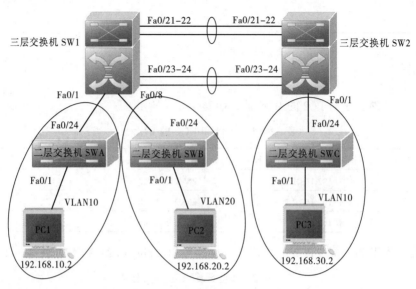

图 3-6-2　网络拓扑结构图

（2）参照图 3-6-3 所示的网络拓扑图，配置三层交换机、二层交换机，实现 PC1、PC2、PC3 之间的相互通信。

① 按图 3-6-3 连接网线，并设置三层交换机名称为 S3760，二层交换机名称为 SW2。

② 在 SW2 创建 VLAN；划分 Fa0/1-10 为 VLAN10，Fa0/11-20 为 VLAN20，Fa0/21-23 为 VLAN30。

③ 将 SW2 的 Fa0/24 设置为 Trunk 口。

④ 在 S3760 创建 VLAN10、VLAN20、VLAN30；设置 VLAN10 的 IP 地址为 192.168.10.1，VLAN20 的 IP 地址为 192.168.20.1，VLAN30 的 IP 地址为 192.168.30.1。

⑤ 按图设置 PC1、PC2、PC3 的 IP 地址，并设置它们的网关分别为 192.168.10.1、192.168.20.1、192.168.30.1。

⑥ 保存配置，并使用 ping 指令检测是否配置成功，在 PC1 上 ping PC2、ping PC3。

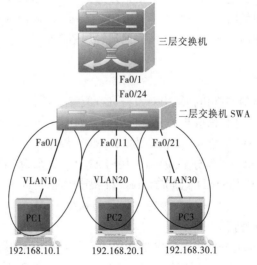

图 3-6-3　网络拓扑结构图

单 元 小 结

（1）三层交换机是在二层交换机上加入路由技术的交换设备，它工作在第三层，集成了二层交换机与路由器的功能。三层交换机适用于中大型局域网，能有效地解决不同网段之间大量互访的问题。

（2）三层交换机可以根据路由表转发数据，也可以根据 MAC 地址列表转发数据。

（3）本单元主要通过 6 个任务介绍三层交换机的相关知识。其中包括三层交换机的基本配置、三层交换机的远程管理配置、三层交换机实现不同 VLAN 之间的通信的方法、交换机之间链路的聚合、使用生成树协议解决网络环路问题以及使用单核心三层交换机管理网络。

通过学习本单元，读者应该能理解三层交换机相关技术的原理，学会三层交换机的配置与应用，并能使用三层交换机组建中型局域网。

第四单元　使用三层交换机管理校园局域网

（三层交换机）

 **技能目标**

（1）学会如何防止广播风暴。

（2）了解配置端口镜像的目的。

（3）学会如何防止 ARP 攻击。

（4）了解交换机的服务品质保证。

（5）了解三层交换机的 ACL 应用。

（6）认识 VRRP 的作用。

 **素养目标**

（1）树立网络安全、信息安全意识，提高泄密风险防控能力。

（2）责任担当与风险防范。

（3）管理网络需要严谨的工作态度。

三层交换机具有二层交换机的功能，虽然具有"路由器的功能、交换机的性能"的三层交换机同时具有二层交换和三层路由的特性，但是三层交换机与路由器在结构和性能上仍存在很大差别。在结构上，三层交换机更接近于二层交换机，它只是针对三层路由进行了专门设计，之所以称为三层交换机而不称为交换路由器，原因就在于此。在交换性能上，路由器比三层交换机的交换性能弱很多。

三层交换机在网上的应用越来越多，与使用传统的路由器加二层以太网交换机的组网方式相比，使用三层交换机可以明显地提高效率、降低成本，因为三层交换机在内部集成了路由功能和二层交换功能，并引入了一些其他机制和技术，使得转发效率特别高。

三层交换机给人的初步印象就是路由器和二层交换机的集合体。实际上，三层交换机在实现的时候，专门做了一些优化，引入了一些普通路由器上不存在的转发技术，因而使得三层交换机的效率特别高。总体来说，三层交换机有下列特点：

（1）三层交换机不但具有所有二层交换机的功能，比如基于 MAC 地址的数据帧转发、生成树协议、VLAN 等；还具有三层功能，即能完成 VLAN 之间的三层互通。

（2）三层交换机一般都实现了三层精确查找，即根据数据帧的目的网络地址直接检索内部缓冲区，而传统的路由器则是进行最长匹配查找，即根据数据帧的目的网络地址查找路由表，选择有最长匹配的作为转发依据。

（3）三层交换机专门针对局域网，特别是以太网进行优化。大部分三层交换机只提供以太网接口和 ATM 局域网仿真接口，有的三层交换机还提供上行的高速接口，比如 POS 等，但路由器提供的接口却种类丰富。

（4）由于三层交换机可以在二层和三层对数据帧进行转发，于是又出现了一些特殊的应用，比如 VLAN 聚合、ARP 代理等，这些特殊的应用在实际中被广泛使用。

（5）伴随着一些特殊需求的出现，三层交换机并不仅仅局限于转发二层的以太网数据帧和三层的网络数据帧，还聚集了一些其他功能，比如 DHCP Relay、服务质量、用户接入认证等。

任务一 风 暴 控 制
（抑制三层交换机广播风暴）

任务描述

某公司最近经常出现数据泛洪现象，即很多员工在使用计算机时，遇到网络速度慢或不能与外部网络通信的问题，以至严重影响了公司的日常运作。为解决此问题，公司请来网络工程师协助解决问题，工程师观察分析后，发现某接入网络的设备正在以非常高的速率向网络中发送报文，导致产生了广播风暴，极大地降低了网络性能和造成带宽资源浪费，从而造成网络堵塞。因此，网络工程师在这个交换机的端口中打开了抑制广播风暴的功能。最后该公司的网络堵塞情况得到了解决。以下实验将模拟上述情况在交换机上配置抑制广播风暴的设置，其网络拓扑结构如图 4-1-1 所示。

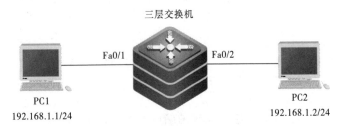

图 4-1-1 网络拓扑结构图

【所需设备】一台三层交换机、两台计算机、两条网线。

任务实现

步骤 1：制作两条网线，并连接 PC1、PC2 与三层交换机，如图 4-1-1 所示。

步骤 2：创建并配置 VLAN，使两台 PC 互通。

```
Switch#configure
Switch(config)#vlan10
Switch(config-vlan)#exit
Switch(config)#interface range FastEthernet 0/1-2
Switch(config-if)#switchport access vlan10
Switch(config-if-range)#exit
```

步骤 3：测试两台 PC 之间能否 ping 通。

步骤 4：在 PC1 上使用报文发送工具发送广播 MAC 地址的帧，在 PC2 上通过捕获可以看到接收到报文的速率（pps）。

（1）图 4-1-2 所示的内容是在 PC1 上捕获的报文，可以看到 PC1 正在以大约每秒 500 个包的速率发送广播报文。

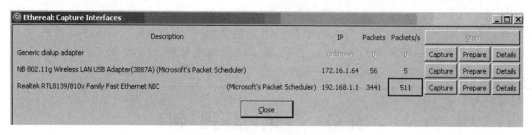

图 4-1-2　PC1 上捕获的报文

（2）图 4-1-3 所示的内容是在 PC2 上捕获的报文，可以看到 PC2 正在以大约每秒 500 个包的速率接收广播报文。

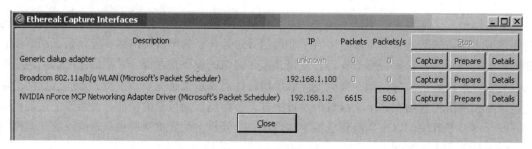

图 4-1-3　PC2 上捕获的报文

 小贴士

> 该任务中报文发送工具为 Ethereal 软件，学生可到相关网站下载该软件。

步骤 5：配置风暴控制。

在交换机上配置 Fa0/1 端口（连接 PC1 的端口）对广播报文进行风暴控制，即限制其端口收到报文的速率（pps）。

```
Switch#configure
Switch(config)#interface FastEthernet 0/1
Switch(config-if)#storm-control broadcast pps 100
！配置报文速率阈值每秒 100 个报文
Switch(config-if)#exit
```

 小贴士

> 实际上，启用风暴控制的端口所允许通过的流量可能会与配置的阈值有细微的偏差。

验证配置：

由于交换机端口 Fa0/1 已配置对广播报文的抑制，所以 PC1 发送的广播报文在进入 Fa0/1 端口时得到了限制，只有每秒大约 100 个报文可以通过，如图 4-1-4 所示。

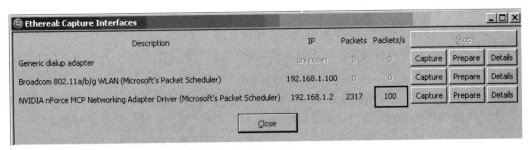

图 4-1-4　配置风暴控制后 PC1 上捕获的报文

知识点拨

（1）广播风暴。广播数据充斥网络无法处理，并占用大量网络带宽，导致设备不能正常工作，甚至彻底瘫痪，这就发生了广播风暴。一个数据帧或包被传输到本地网段（由广播域定义）上的每个结点就是广播；由于网络拓扑的设计和连接问题或其他原因，导致广播在网段内被大量复制，传播数据帧，从而导致网络性能下降，甚至网络瘫痪，这就是广播风暴。

（2）三种抑制风暴参数意义：

① 广播（broadcast）是多点投递最普遍的形式。它向每一个目的站投递一个分组的备份。它可以通过多个单次分组的投递完成；也可以通过单独的连接传递分组的备份，直到每个接收方均收到一个备份为止。在网络中，用户通过把分组分送给一个特殊保留的地址，即广播地址（broadcast address），进行广播投递。它的主要缺点是耗费大量的主机资源和网络资源。

② 硬件组播（multicast）是一种多点投递的形式。它使用硬件技术，通过使用大量组播地址来通信。当某一组机器需要通信时，选择一个组播地址，并配置好相应的网络接口硬件，识别组播地址，从而收到该组播地址上分组的数据。

③ 单播（unicast）是指只有一个目的站的数据报传递。从投递目的站的数量而言，单播和广播均可看做组播的一个子集。单播可以看做仅包括一台机器群组的组播；广播可以看做包含所有机器群组的组播。但从数据报的投递方式而言，单播、广播和组播仍有较大的区别。

拓展训练

（1）参照图 4-1-1 所示的拓扑结构，按下列要求对交换机进行配置：

① 制作两条网线，按照拓扑结构图连接 PC1、PC2 与三层交换机（见图 4-1-1）。

② 在交换机上创建 VLAN10，将 Fa0/1 和 Fa0/2 端口加入 VLAN10，并设置 VLAN10 网关地址为 192.168.1.254/24。

③ 使 PC1 和 PC2 互相 ping 通。

④ 进入交换机的 Fa0/1 端口，配置抑制该端口的组播风暴，限制每秒只能通过 150 个包。

⑤ 进入交换机的 Fa0/2 端口，配置抑制该端口的组播风暴，限制每秒只能通过 200 个包。

⑥ 使用 Ethereal 软件测试实验是否成功。

（2）参照图4-1-1所示拓扑结构，按下列要求对交换机进行配置：

① 制作两条网线，按照拓扑结构图进行连接（见图4-1-1）。

② 在交换机上创建VLAN10，将Fa0/1和Fa0/2端口加入VLAN100，并设置VLAN100网关地址为192.168.1.200/24。

③ 使PC1和PC2互相ping通。

④ 进入交换机的Fa0/1端口，配置抑制该端口的单播风暴，限制每秒只能通过80个包。

⑤ 进入交换机的Fa0/2端口，配置抑制该端口的单播风暴，限制每秒只能通过120个包。

⑥ 使用Ethereal软件测试实验是否成功。

任务二　端口安全设置

（配置三层交换机接口安全）

任务描述

某校园为了对校内网络进行规范管理，并防止校园内部用户出现IP冲突或网络存在攻击和破坏行为，学校网络管理员在校内三层交换机上为每一位员工分配了IP地址，并且只允许校内员工的主机使用网络，且不得随意连接其他主机。例如：某员工分配的IP地址是172.20.83.235/29，主机MAC地址是00-23-7D-51-72-AD，如图4-2-1所示。

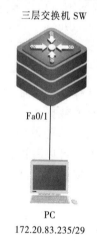

三层交换机 SW

Fa0/1

PC
172.20.83.235/29

图4-2-1　网络拓扑结构图

【所需设备】一台三层交换机、一台计算机、一条网线。

任务实现

步骤1：按图4-2-1所示的拓扑结构制作所需的网线，并连接PC与三层交换机。

步骤2：查看PC的IP地址与MAC地址，在PC上依次选择"开始"|"运行"命令，在弹出的"运行"对话框中输入cmd，在弹出的窗口中输入ipconfig/all命令，如图4-2-2所示。

步骤3：配置交换机端口安全的最大连接数和端口违背模式，绑定PC的IP地址和MAC地址到端口上。

图 4-2-2　PC 信息

```
SW>enable
SW #configure
SW(config)#interface FastEthernet 0/1
SW(config-FastEthernet 0/1)#switchport port-security    ! 打开端口安全功能
SW(config-FastEthernet 0/1)#switchport port-security maximum 1
                                                ! 配置安全地址最大数
SW(config-FastEthernet 0/1)#switchport port-security mac-address 0023.7d51.
72ad ip-address 172.20.83.235              ! 绑定 PC 的 MAC 地址和 IP 地址
SW(config-if-range)#switchport port-security violation shutdown
                                                ! 配置安全违背关闭模式
```

 小贴士

交换机端口安全功能只允许在 Access 接口下进行配置。

验证配置：

（1）验证交换机端口的最大连接数和端口违背模式。

```
SW(config)#show port-security
Secure Port MaxSecureAddr CurrentAddr MaxIPSecureAddr CurrentIPAddr
            (Count)      (Count)      (Count)         (Count)    SecurityAction
----------- --------     ---------    ---------       --------   ------------
Fa0/1        1            1            128             1          Shutdown
```

（2）验证端口绑定的 MAC 地址和 IP 地址。

```
SW(config)#show port-security address
VLAN    Mac Address      IP Address      Type       Port    Remaining Age (mins)
----    --------------   --------------  ---------- ------  -----------------
1       0023.7d51.72ad  172.20.83.235   Configured  Fa0/1
```

 小贴士

交换机最大连接数限制的取值范围是 1～128，默认是 128。

知识点拨

（1）交换机端口安全功能是指针对交换机的端口进行安全属性的配置，从而控制用户的安全接入。交换机端口安全主要有两种方式：一是限制交换机端口的最大连接数；二是针对交换机端口进行 MAC 地址和 IP 地址的绑定。

（2）限制交换机端口的最大连接数可以控制交换机端口下连的主机数，并防止用户进行恶意的 ARP 欺骗。

（3）交换机端口的地址绑定可以针对 IP 地址、MAC 地址、IP+MAC 地址进行灵活地绑定，可以对用户实现严格地控制，可以保证用户的安全接入和防止常见的内网的网络攻击，如 ARP 欺骗、IP 地址和 MAC 地址欺骗、IP 地址攻击等。

（4）配置了交换机端口安全功能后，当实际应用超出配置的要求时，将产生一个安全违例。安全违例的处理方式有三种：

① protect。当安全地址个数满后，安全端口将丢弃未知名地址（不是该端口的安全地址中的任何一个）的包。

② restrict。当违例产生时，将发送一个 Trap 通知。

③ shutdown。当违例产生时，将关闭端口并发送一个 Trap 通知。

当端口因为违例而被关闭后，可在全局配置模式下使用命令 errdisable recovery 将接口从错误状态中恢复。

拓展训练

参照图 4-2-3 所示的网络拓扑结构，按下列要求对三层交换机进行配置：

（1）制作三条网线，按照网络拓扑结构图分别连接三层交换机与 PC1、PC2 和 PC3。

（2）分别在交换机的 Fa0/1、Fa0/2、Fa0/3 端口打开端口安全功能。

（3）配置 Fa0/1 端口最大安全地址数为 3，Fa0/2 端口最大安全地址数为 2，Fa0/3 端口最大安全地址数为 1。

（4）配置 Fa0/1 端口的端口安全违背为 shutdown 模式，配置 Fa0/2 端口的端口安全违背为 restrict 模式，配置 Fa0/3 端口的端口安全违背为 protect 模式。

（5）根据网络拓扑结构图，在交换机的各连接端口上配置绑定 PC 的 IP 地址和 MAC 地址。

图 4-2-3　网络拓扑结构图

任务三　配置端口镜像

（三层交换机接口镜像）

任务描述

某公司近期爆发 ARP 病毒，对公司所有计算机都造成极大影响。为了查出是哪一台计算机散播的 ARP 病毒，网络管理员决定在公司的三层交换机上配置端口镜像功能，他把连接公司内部网络的端口数据映射到 20 端口上，20 端口则接了一台监控计算机，在监控计算机上使用 Sniffer 软件分析出 ARP 病毒散播的源头，从而找到散播 ARP 病毒的计算机。以下实验将模拟上述情况在交换机上配置端口镜像功能。

【所需设备】一台三层交换机、两台计算机、三条直通线。

任务实现

步骤 1：按图 4-3-1 所示拓扑结构，制作所需的网线，并连接三层交换机与 PC1、PC2 以及监控计算机。

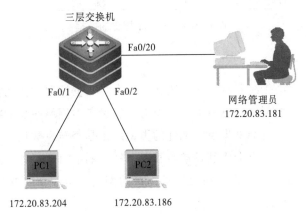

图 4-3-1　网络拓扑结构图

步骤 2：配置镜像源端口 Fa0/1-2 的进出流量，使其映射到目的端口 Fa0/20 上。

```
Switch>en
Switch#configure
Switch(config)#monitor session 1 source interface FastEthernet 0/1-2 both
                    ! 配置镜像源端口 Fa0/1 和 Fa0/2 的进出流量
Switch(config)# monitor session 1 destination interface FastEthernet 0/20
                    ! 配置镜像目的端口为 Fa0/20
Switch(config)# exit
```

步骤 3：查看配置信息。

```
Switch(config)#show monitor session 1
sess-num: 1
span-type: LOCAL_SPAN
src-intf:
FastEthernet 0/2            frame-type Both
src-intf:
```

```
FastEthernet 0/1          frame-type Both
dest-intf:
FastEthernet 0/20
```

 小贴士

镜像功能不仅能映射镜像源端口的发出和接收双向的流量，还能单独映射镜像源端口的发出流量及接收流量。如果不指定[rx|tx|both]关键字，默认为 both。

验证配置：

在监控计算机上启动 Sniffer 软件，使用 PC1 ping PC2，捕捉其数据包，如图 4-3-2 所示。

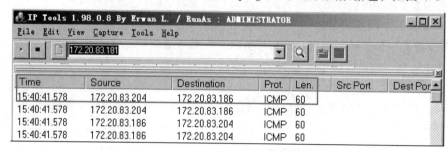

图 4-3-2　Sniffer 捕捉的数据

知识点拨

（1）端口镜像。无论集线器收到什么数据，都会将数据按照广播的方式从各个端口发送出去，虽然这种方式造成网络带宽的浪费，但对网管设备对网络数据的收集和监听很有效。在收到数据帧之后，交换机会根据目的地址的类型决定是否转发数据；而且如果收到的数据帧不是广播数据，则交换机只会将其发送给某一个特定的端口，这种方式对网络效率的提高很有好处，但对于网管设备来说，在交换机连接的网络中监视所有端口的往来数据就变得很困难。

解决这个问题的办法之一就是配置交换机某一端口的流量，使其在必要的时候镜像给网管设备所在的端口，从而实现网管设备对某一端口的监视，这个过程被称为端口镜像。

在交换式网络中，对网络数据的分析工作并没有像人们预想的那样变得更加快捷，由于交换机是进行定向转发的设备，因此网络中的端口将无法收到其他不相关端口的数据，比如网管的协议分析软件安装在一台接在端口 1 下的机器中，而如果想分析端口 2 与端口 3 设备之间的数据流量就几乎变得不可能了。

端口镜像技术可以将一个源端口的数据流量完全镜像到另外一个目的端口进行实时分析。我们可以利用端口镜像技术，把端口 2 或端口 3 的数据流量完全镜像到端口 1 中进行分析。端口镜像完全不影响所镜像端口的工作。

（2）端口镜像功能。端口镜像功能是指交换机把某一个端口接收或发送的数据帧完全相同地复制给另一个端口，其中，被复制的端口称为镜像源端口，复制的端口称为镜像目的端口。在镜像目的端口处连接一个协议分析仪（如 Sniffer）或者 RMON 监测仪，可以监视和管理网络，并且能诊断网络故障。

（3）一个交换机支持一个镜像目的端口，镜像源端口则没有使用上的限制，可以是一个也可以是多个。多个源端口可以在相同的 VLAN 中，也可以在不同的 VLAN 中。目的端口和源端口可以在不同的 VLAN 中。

（4）如果镜像目的端口的吞吐量小于镜像源端口吞吐量的总和，则目的端口无法完全复制源端口的流量，则需减少源端口的个数或复制单向的流量，或者选择吞吐量更大的端口作为目的端口。

（5）镜像目的端口不能是端口聚合组成员。

拓展训练

参照图 4-3-3 所示的拓扑结构，按下列要求对三层交换机进行配置。

（1）配置镜像源端口 Fa0/1-5 的 tx 流量、Fa0/6-10 的 rx 流量、Fa0/11 的 both 流量，并将它们映射到镜像目的端口 Fa0/24。

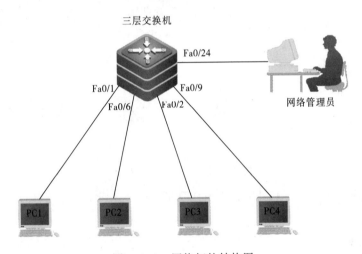

图 4-3-3　网络拓扑结构图

（2）使用 PC1 ping PC2，使用 PC4 给 PC2 发送文件，在监控计算机上启动 Sniffer 软件捕捉其数据包。

任务四　预防 ARP 攻击

（在三层交换机 MAC 与 IP 地址绑定）

任务描述

某网吧近期常出现 PC 无法与网关通信以及系统显示 IP 冲突、掉线等现象。经检查，网管发现网络中的 PC 逐台掉线，甚至全网内 PC 都无法上网。网管查看交换机 ARP 表，发现很多错误地址。重启交换机后网络又恢复了正常，但是过一段时间 PC 又开始掉线，导致网吧无法正常运作。为了解决此现象，网管在三层交换机上做了防止 ARP 攻击的相关安全配置。以下实验将模拟上述情况在交换机上做预防 ARP 攻击的配置。

【所需设备】一台三层交换机、两台计算机、三条直通线。

任务实现

步骤1：按图4-4-1所示的拓扑结构，制作所需的网线，并按照拓扑图连接各设备。

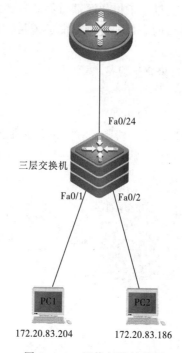

图4-4-1　网络拓扑结构图

步骤2：交换机地址绑定（address-bind）功能。

```
Switch>
Switch>en
Switch#configure
Switch (config)#address-bind install                ！使用 address-bind 功能
Switch (config)#address-bind 172.20.83.204 0016.d390.6cc5
！绑定 IP 地址为 172.20.83.204，MAC 地址为 0016.d390.6cc5 的主机让其使用网络
switch (config)#address-bind 172.20.83.186 0023.7d51.72ad
！绑定 IP 地址为 172.20.83.204，MAC 地址为 0023.7d51.72ad 的主机让其使用网络
switch (config)# address-bind uplink GigabitEthernet 0/24
！设置 Fa0/24 为例外端口，使其对于绑定地址策略不生效
```

小贴士

　　交换机通过 Fa0/24 的接口连接到路由器或是出口设备，如果接口选择错误会导致整个网络不通。

步骤3：查看配置信息。

```
switch# show address-bind
Total Bind Address in System : 2
IP Address        Binding MAC System : 2
-----------       ----------------------
172.20.83.204     0016.d390.6cc5
```

知识点拨

（1）如果修改 IP 或是 MAC 地址该主机仍无法使用网络，则可以按照此命令添加多条命令，并且添加的条数与交换机的硬件资源有关。

（2）S21 交换机的 address-bind 的功能是防止 IP 冲突，只有在交换机中被绑定的 IP 才进行 IP 和 MAC 的匹配；如果用户设置的 IP 地址在交换机中没被绑定，则交换机不对该数据包做控制，直接转发。

（3）如何全面防护 ARP 病毒攻击？

① 快速确定 ARP 病毒攻击源：根据网络病毒的特征，通过查看 PC 和设备的状态，过滤报文，利用网络抓包工具或网管工具分析，发现源头立即杀毒。

② 切断 ARP 病毒的传播途径：深入研究病毒机理，这样即使病毒已发作，仍然可以通过切断病毒的传播途径来有效地控制感染范围，大大降低病毒的危害程度。

③ 保护 PC 和设备不感染 ARP 病毒：确保 PC 的病毒库、补丁库实时更新，可以提高网络设备的抗攻击能力和普通防御能力。

（4）如何快速确定 ARP 病毒的攻击源？

① 使用 Wireshark、Sniffer 抓包工具。在网络中任意一台主机上运行抓包软件，捕获所有到达本机的数据包。如果发现某个 IP 不断发送 ARP Request 请求包，那么一般这台计算机就是病毒源了。

② 使用 arp -a 命令。任意选两台不能上网的主机，在 DOS 命令窗口下运行 arp -a 命令。例如在某两台主机的 DOS 命令窗口下运行 arp-a 命令的结果中，除了网关的 IP、MAC 地址对应项之外，两台计算机都包含了 192.168.1.100 这个 IP，则可以断定 192.168.1.100 这台主机就是病毒源。

③ 使用 tracert 命令。任意选一台受病毒影响的主机，在 DOS 命令窗口下运行如下命令：tracert 202.108.22.5（外网的 IP 地址）。假定设置的默认网关为 192.168.1.254，但在跟踪一个外网地址时，第一个跳出的却是 192.168.1.100，那么 192.168.1.100 就是病毒源。

（5）如何保护网络不受 ARP 泛洪的攻击？某些 ARP 病毒攻击的思路就是像洪水泛滥一样对 PC 终端或者网络设备发送 ARP 报文，通过大量消耗被攻击对象的网络带宽和 CPU 处理能力达到攻击目地。这类攻击的攻击源是比较容易定位和隔离查杀的，主要方法是在 ARP 报文经过的各个环节实施探测，一旦某个端口出现异常就将其临时关闭，以缩小攻击范围和网络故障时间。

（6）如何预防网络感染未知病毒？安装反病毒软件和防火墙是有必要的，但更重要的是提高用户的网络安全防范意识，如确保病毒库和操作系统补丁的即时升级，在 PC 终端上安装一些 ARP 防火墙，做好终端设备的防范工作。

拓展训练

参照图 4-4-2 所示的拓扑结构，按下列要求对三层交换机进行配置：

（1）使用 ARP 绑定功能，绑定 PC1、PC2 的 IP 地址和 MAC 地址。

（2）设置交换机的 Fa0/23 和 Fa0/24 为例外端口，保证其不受绑定策略控制。

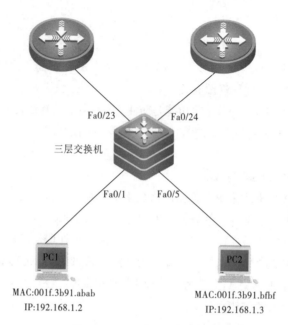

Fa0/23　　　Fa0/24

三层交换机

Fa0/1　　　Fa0/5

PC1

MAC:001f.3b91.abab
IP:192.168.1.2

PC2

MAC:001f.3b91.bfbf
IP:192.168.1.3

图 4-4-2　网络拓扑结构图

*任务五　配置 QoS 保证服务质量

（服务品质保证）

任务描述

　　最近某公司的高层办公室的人员投诉网络太慢，不论是收发邮件或是上网查资料都要等很久，严重影响工作效率。对此，网络管理员进行了调查，发现公司一台连接员工部门计算机的交换机端口数据流量很大，严重影响了网络性能。为了解决这个问题，管理员在交换机中配置有关 QoS（服务品质保证）的功能，使高层办公室的人员在上网办公时能优先通过，从而加快其上网速度。以下实验将模拟上述情况在交换机上配置 QoS（服务品质保证）功能。

　　【所需设备】一台三层交换机、两台计算机、三条直通线。

任务实现

　　步骤 1：按图 4-5-1 所示的网络拓扑结构，制作图中所需的网线，并按照拓扑图连接各设备。

　　步骤 2：使用 OSPF 协议，使全网互通。

　　步骤 3：创建 ACL，定义需要限速的主机范围。

```
switch>en
Switch#configure
Switch(config)#ip access-list standard gc          ! 创建标准访问控制列表 gc
Switch(config-std-ipacl)#permit host 192.168.1.0    ! 定义限速的数据流
Switch(config)#ip access-list standard yg           ! 创建标准访问控制列表 yg
Switch(config-std-ipacl)#permit host 192.168.2.0    ! 定义限速的数据流
```

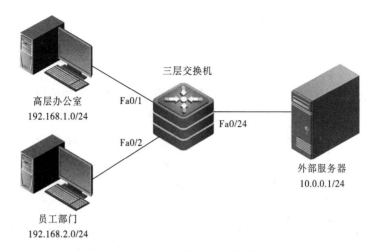

图 4-5-1 网络拓扑结构图

步骤 4：定义分类表。

```
Switch(config)#class-map yg                         ! 创建名为 yg 的分类表
Switch(config-cmap)#match access-group yg           ! 关联匹配的列表地址
Switch(config-cmap)#exit
Switch(config)#class-map gc                          ! 创建名为 yg 的分类表
Switch(config-cmap)#match access-group gc           ! 关联匹配的列表地址
SWITCH(config-cmap)#exit
```

步骤 5：创建策略列表，关联对应的分类表，配置限速大小。

```
Switch(config)#policy-map qos1                       ! 创建名为 qos1 的策略列表
Switch(config-pmap)#class yg                         ! 关联分类表 yg
Switch(config-pmap-c)#police 20000 2000 exceed-action drop
```
! 将满足 yg 分类规则的报文的带宽设置为 20 Mbit/s，突发值设置为 2 Mbit/s，超出此带宽的
报文一律丢弃
```
Switch(config-pmap)#class gc                         ! 关联分类表 gc
Switch(config-pmap-c)#bandwidth 20 percent          ! 设置 cg 占 20%带宽
Switch(config-pmap-c)#exit
```

步骤 6：将带宽限制策略应用到相应的端口。

```
Switch>en
Switch#configure
Switch(config)#interface range FastEthernet 0/1-2   ! 进入端口 1-2
Switch(config-if)#service-policy input qos1         ! 应用策略列表
```

 小贴士

验证分类表和策略列表的配置命令。
```
Switch#show class-map
Switch#show policy-map
```

验证配置：在高层办公室的一台计算机和员工部门的一台计算机上同时传送一个较大的文件到外部服务器，若高层办公室的计算机优先传输完毕，则表明 QoS 已经配置成功。

知识点拨

（1）什么是 QoS？在传统的 IP 网络中，路由器对所有的报文都采用等同对待方式，即根据

报文到达的时间先后，按照先入先出的排队策略（FIFO）处理，尽最大的努力（best-effort）将数据报文传送到目的地。但对报文传送的可靠性、传送延迟等方面的性能，不提供任何的保证。

随着 Internet 的迅速发展和社会信息化程度的提高，人们对网络的要求也越来越高，信息化需求已从单纯的数据信息向交互式多媒体信息发展，从分别服务向数据、语音、图像统一服务和一网传输发展。带宽延迟、抖动敏感且实时性强的语音、图像和其他的重要数据越来越多地在网上传输。一方面，使网络资源得到了极大地丰富；另一方面，由于数据、语音、图像等业务在延时、吞吐量或丢失率等方面有不同的要求，因此引入了如何保证网络服务质量的问题。

解决这个问题的一个途径是增加网络带宽，但带宽的增加是有限的，而且代价昂贵，只能在一定程度上缓解这个问题。保证服务质量的其他有效手段是通过对不同要求的报文采用不同路由途径的策略路由（Policy-Based Routing）、拥塞管理（Congestion Management）、拥塞避免（Congestion Avoidance）和流量整形（Traffic Shaping）、传输压缩等技术，对网络上的流量进行管理，以解决网络上不断增长的流量需求所带来的问题。

QoS（Quality of Service）又称服务质量。它是指一个网络能够利用各种各样的基础技术，向指定的网络通信提供更好的服务的能力。简单地说，就是针对不同的需求，提供不同的网络服务质量，如对实时性强、重要的数据报文提供更好的服务质量，优先处理；而对于实时性不强、一般的普通数据报文提供较低的处理优先级。若要在网络上承载各种不同的业务，则要求网络不仅能提供单一的尽力而为的服务，而且能为不同的业务提供不同的 QoS。可以说提供 QoS 能力将是未来 IP 网络的基本要求。

（2）为什么采用 QoS？QoS 功能可以使网络有控制性地和有预见性地为各种各样的网络化应用和通信类型提供服务。在网络上使用 QoS 可以实现：

① 控制资源的能力。用户可以控制那些正在被使用的网络资源。比如用户可以控制 FTP（File Transfer Protocol，文件传输协议）传输占用的网络资源，或为更重要的数据访问提供更高的优先级别。

② 划分细致的服务。如果用户是一个 ISP，那么便可以利用 QoS 功能为不同类型的客户、不同要求的数据报文提供不同优先级别的网络服务。

③ 在同一网络环境下，对不同类型的应用提供不同的服务质量，确保重要数据报文的网络服务。如对重要的数据提供优先服务，对时间敏感的多媒体和语音应用提供最小延时。

④ 此外，在网络上实现 QoS 功能可以为将来实现网络的全面集成奠定良好的基础。

（3）目前，策略表只支持绑定到入口，对出口不支持。

拓展训练

参照图 4-5-2 所示的拓扑结构，按下列要求对三层交换机进行配置：

（1）创建标准 ACL，命名为 cw，关联 172.1.1.0/24 为限速数据流；创建标准 ACL，命名为 sc，关联 172.1.2.0/24 为限速数据流。

（2）创建分类表 cw，关联匹配的地址列表 cw；创建分类表 sc，关联匹配的地址列表 sc。

（3）创建一个策略列表，命名为 QA，关联分类表 cw，设置财务部占用 40%的网络带宽；在策略列表 QA 中继续关联分类表 sc，将生产部报文的带宽设置为 30 Mbit/s，突发值设置为 1 Mbit/s，超出此带宽的报文一律降级。

（4）将策略列表 QA 绑定到三层交换机的 Fa0/1 和 Fa0/2 端口。

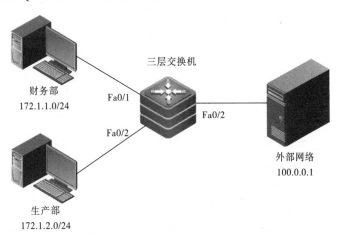

图 4-5-2　网络拓扑结构图

任务六　配置 ACL 限制上网时间

（在三层交换机定义 ACL）

任务描述

某学校发现部分学生沉迷网络，深夜还在上网，严重影响学习。为了制止这种现象继续下去，网络管理员在校内的三层交换机上配置了一个 ACL，定义晚上 23:00 到早上 7:00 这段时间内不能与外部网络通信。以下实验将模拟上述情况在交换机上配置 ACL，以限制上网时间。

【所需设备】一台三层交换机、两台计算机、一条网线。

任务实现

步骤 1：按图 4-6-1 所示的网络拓扑结构，制作所需的网线，并按照拓扑结构图连接三层交换机与 PC、外部网络计算机。

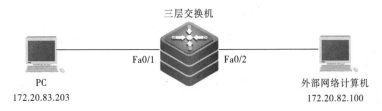

图 4-6-1　网络拓扑结构图

步骤 2：设置 PC 的 IP 地址为 172.20.83.203/24，设置外部网络计算机的 IP 地址为 172.20.82.100/24。设置完成后要确保 PC 能 ping 通外部网络计算机。

步骤 3：定义时间列表。

```
Switch#config
Switch (config)# time-range schooltime          ！创建时间表 schooltime
Switch (config-time-range)# periodic Daily 23:00 to 23:59
                                     ！定义时间范围为 23:00 到 23:59
Switch (config-time-range)# periodic Daily 0:00 to 7:00
                                     ！定义时间范围为 00:00 到 7:00
Switch (config)#exit
```

 小贴士

> 定义时间段有下列要求。
>
> （1）命令格式由两部分组成。
>
> ① 命令关键字：time-range。
>
> ② 时间段名称：<名称>。
>
> （2）一个时间段中可以定义多个周期性的时间段。
>
> （3）一个时间段中只能定义一个绝对时间段。
>
> 时间段定义后，被访问控制列表引用，以起到按时间控制数据流的作用。

步骤 4：创建扩展 ACL 并将其命名为 schoolACL，配置禁止 172.20.83.0 网段在晚上 23:00 至早上 7:00 访问外网 IP 地址 172.20.82.100。

```
Switch (config)# ip access-list extended schoolACL
                                          ！创建 ACL，命名为 schoolACL
Switch (config-ext-nacl)# deny ip 172.20.83.0 0.0.0.255 172.20.82.100
time-range schooltime
       ！禁止 172.20.83.0 网段在 Schooltime 的时间段内访问外网 IP 地址 172.20.82.100
Switch (config-ext-nacl)#permit ip any any      ！允许其他所有 IP 通过
Switch(config-ext-nacl)#exit
```

步骤 5：进入端口 Fa0/1，配置 PC 的网关地址，将名为 schoolACL 的 ACL 绑定到该端口的入口处。

```
Switch (config)#interface range FastEthernet 0/1
Switch (config-if-range)#ip address 172.20.83.1 255.255.255.0
                                     ！设置 PC 网关地址
Switch (config-if-range)#ip access-group schoolACL in
                       ！将名为 schoolACL 的 ACL 绑定到该端口的入口处
Switch (config-if-range)#exit
```

 小贴士

> 一个端口只可以绑定一条入口规则，目前在出口方向不支持应用 access-list。

验证配置：验证配置有时间列表的 ACL，可以将交换机的系统时间调制到 ACL 所允许或禁止的时间段内进行验证。

（1）把交换机的系统时间设置到 ACL 允许通信的范围内。

```
Switch(config)# clock set 9:00:00 10 19 2010    ！设置交换机的系统时间为9点
```

（2）使用 PC ping 外网 IP，若在该时段内能与外网通信，则表明 ACL 配置正确，如图 4-6-2 所示。

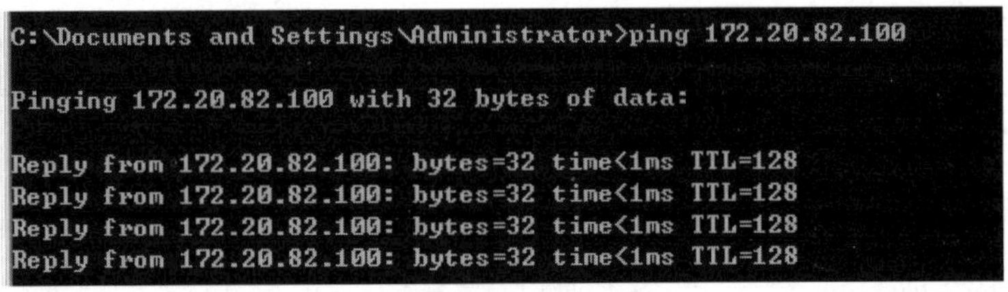

```
C:\Documents and Settings\Administrator>ping 172.20.82.100

Pinging 172.20.82.100 with 32 bytes of data:

Reply from 172.20.82.100: bytes=32 time<1ms TTL=128
Reply from 172.20.82.100: bytes=32 time<1ms TTL=128
Reply from 172.20.82.100: bytes=32 time<1ms TTL=128
Reply from 172.20.82.100: bytes=32 time<1ms TTL=128
```

图 4-6-2　配置信息 1

（3）把交换机的系统时间设置到 ACL 禁止通信的范围内。

```
Switch(config)# clock set 2:00:00 10 19 2010    ！设置交换机的系统时间为2点
```

（4）使用 PC ping 外网 IP，若在该时段内不能与外网通信，则表明 ACL 配置正确，如图 4-6-3 所示。

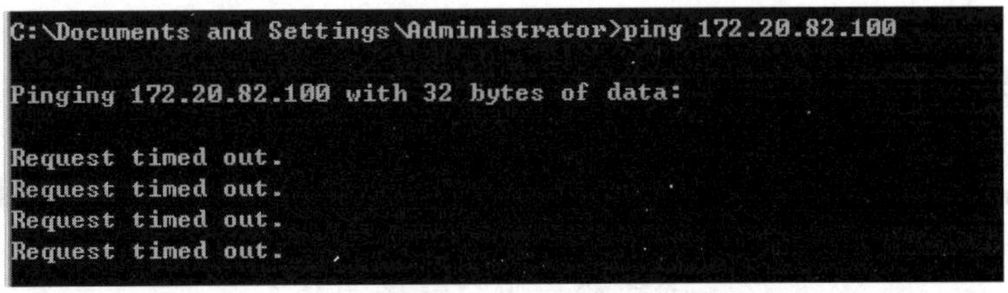

```
C:\Documents and Settings\Administrator>ping 172.20.82.100

Pinging 172.20.82.100 with 32 bytes of data:

Request timed out.
Request timed out.
Request timed out.
Request timed out.
```

图 4-6-3　配置信息 2

知识点拨

（1）ACL（Access Control List，访问控制列表）是路由器和交换机接口的指令列表，用来控制端口进出的数据包。ACL 适用于所有的路由协议，如 IP、IPX 等。定义列表时要声明匹配关系和条件，目的是对某种访问进行控制。

（2）如果 ACL 配置了特定的时间限制，则必须正确设置交换机的系统时间。

（3）定义规则时要首先确定列表项的最后默认动作是允许还是拒绝。

（4）对 ACL 中的表项的检查是自上而下的，只要有一条表项匹配，检查就马上结束。

（5）只有端口特定方向上没有绑定 ACL 或没有任何 ACL 表项匹配时，才会使用默认规则。

（6）一个端口可以绑定一条入口 ACL。

（7）端口可以成功绑定的 ACL 数目取决于已绑定的 ACL 的内容以及硬件资源，如果因为硬件资源有限而无法配置，会给用户提示相关的信息。

（8）如果 access-list 中包括过滤信息相同但动作矛盾的规则，则其无法绑定到端口并将有报错提示。例如，同时配置 permit tcp any-source any-destination 及 deny tcp any-source any-destination。

拓展训练

参照图 4-6-4 所示的网络拓扑结构，按下列要求对三层交换机进行配置：

（1）设置 PC1 和 PC2 的 IP 地址。

（2）配置交换机的路由协议，使全网互通。

（3）创建 VLAN，分别把端口 1 加入 VLAN10，端口 10 加入 VLAN20。配置 VLAN10 的网关为 192.168.1.254/24，VLAN20 的网关为 192.168.2.254/24。

（4）创建一个名为 BL 的 ACL，配置禁止 PC1 在工作时间（8：00～17：00）访问 Internet，允许 PC2 在工作时间（8：00～17：00）访问 Internet，允许其他计算机通过。

（5）将名为 BL 的 ACL 分别绑定在 Fa0/1 和 Fa0/10 的入口处。

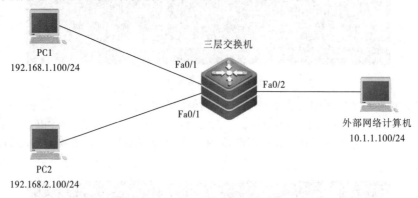

图 4-6-4 网络拓扑结构图

*任务七 配置三层交换机虚拟网关 VRRP

（三层交换机定义虚拟网关）

任务描述

VRRP（Virtual Router Redundancy Protocol，虚拟路由器冗余协议）俗称为虚拟网关，它的诞生是为了解决网络中设备出现故障导致终端用户被孤立的问题。很多时候局域网中都会出现终端用户被孤立的情况。例如，若在图 4-7-1 所示的拓扑结构中去掉一台三层交换机，一旦剩下的那台三层交换机出现故障，局域网用户就会被孤立，不能与外部网络通信。下面将通过配置 VRRP 协议解决用户在设备故障的情况下被孤立的问题。

【所需设备】两台三层交换机、一台路由器、一台二层交换机、三台计算机。

任务实现

步骤 1：按图 4-7-1 所示拓扑结构，制作所需的网线，并按照拓扑图连接各设备。

步骤 2：根据图中设备的名称，给各个设备重新命名。

步骤 3：按照以下命令配置三层交换机 S1 的网关地址和 VRRP。

```
S1>enable
S1#configure
S1(config)#interface FastEthernet 0/23
S1(config-FastEthernet 0/23)#no switchport
S1(config-FastEthernet 0/23)#ip address 192.168.1.1 255.255.255.0
S1(config-FastEthernet 0/23)#vrrp 1 ip 192.168.1.254
                                        ! 创建 VRRP 组为 1，并设置虚拟网关
S1(config-FastEthernet 0/23)#vrrp 1 priority 180   ! 设置组号为 1 的优先级为 180
S1(config-FastEthernet 0/23)#exit
```

```
S1(config)#interface FastEthernet 0/24
S1(config-FastEthernet 0/24)#no switchport
S1(config-FastEthernet 0/24)#ip address 10.0.0.1 255.255.255.240
S1(config-FastEthernet 0/24)#exit
```

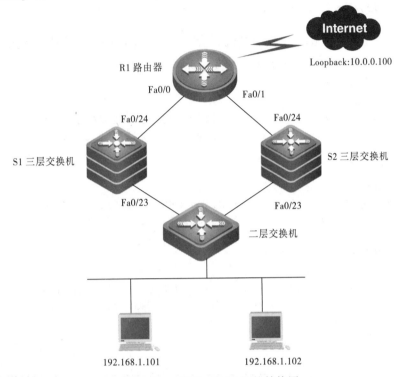

图 4-7-1 配置 VRRP 拓扑结构图

步骤 4：按照以下命令配置三层交换机 S2 的网关地址和 VRRP。

```
S2>enable
S2#configure
S2(config)#interface FastEthernet 0/23
S2(config-FastEthernet 0/23)#no switchport
S2(config-FastEthernet 0/23)#ip address 192.168.1.2 255.255.255.0
S2(config-FastEthernet 0/23)#vrrp 1 ip 192.168.1.254
                                      ！创建 VRRP 组为 1，并设置虚拟网关
S2(config-FastEthernet 0/23)#vrrp 1 priority 150  ！设置组号为 1 的优先级为 150
S2(config-FastEthernet 0/23)#exit
S2(config)#interface FastEthernet 0/24
S2(config-FastEthernet 0/24)#no switchport
S2(config-FastEthernet 0/24)#ip address 20.0.0.1 255.255.255.240
S2(config-FastEthernet 0/24)#exit
```

步骤 5：按照以下命令配置路由器 R1 各端口的 IP 地址。

```
R1>
R1>enable
R1#configure
R1(config)#interFace FastEthernet 0/0
R1(config-if)#ip address 10.0.0.5 255.255.255.240
R1(config-if)#exit
```

```
R1(config)#interFace FastEthernet 0/1
R1(config-if)#ip address 20.0.0.4 255.255.255.240
R1(config-if)#exit
R1(config)#interface loopback 1
R1(config-if)#ip address 10.0.0.100 255.255.255.240
R1(config-if)#exit
```

步骤6：分别在路由器 R1、三层交换机 S1 和 S2 下配置 OSPF 路由协议，使全网互通。注意，拓扑图中的 Loopback 地址是模拟外部网络的。

（1）配置三层交换机 S1。

```
S1(config)#route ospf 1
S1(config-router)#network 192.168.1.0 255.255.255.0 area 0
S1(config-router)#network 10.0.0.0 255.255.255.240 area 0
S1(config-router)#exit
```

（2）配置三层交换机 S2。

```
S2(config)#route ospf 1
S2(config-router)#network 192.168.1.0 255.255.255.0 area 0
S2(config-router)#network 10.0.0.0 255.255.255.240 area 0
S2(config-router)#exit
```

（3）配置路由器 R1。

```
R1(config)#route ospf 1
R1(config-router)#network 10.0.0.96 255.255.255.240 area 0
R1(config-router)#network 10.0.0.0 255.255.255.240 area 0
R1(config-router)#network 20.0.0.0 255.255.255.240 area 0
R1(config-router)#exit
```

 小贴士

> 做本实验时应有一个清晰的实验流程，从而可以使实验简单快捷地完成。本实验的流程是"配置各设备的 IP 地址→配置并启动路由协议→使全网互通→配置 VRRP→测试"。

步骤7：在三层交换机 S1 下配置 VRRP。

```
S1(config)#interface vlan10                    ! 进入 VLAN10
S1(config-VLAN 10)#vrrp 1 ip 192.168.1.10      ! 创建 VRRP 组为1，并设置虚拟网关
S1(config-VLAN 10)#vrrp 1 priority 180         ! 设置组号为1的优先级为180
S1(config-VLAN 10)#exit
```

步骤8：在三层交换机 S2 下配置 VRRP。

```
S2(config)#interface vlan10                    ! 进入 VLAN10
S2(config-VLAN 10)#vrrp 1 ip 192.168.1.10      ! 创建 VRRP 组为1，并设置虚拟网关
S2(config-VLAN 10)#vrrp 1 priority 150         ! 设置组号为1的优先级为150
S2(config-VLAN 10)#exit
```

小贴士

> VRRP 组又称备份组，备份组优先级的取值范围为 0～255，其中，供用户配置使用的范围为 1～254，0 保留给特殊用途使用，255 保留给虚拟 IP 地址的拥有者使用。默认优先级为 100。在 VRRP 组内，可以分别指定各网络设备的选举优先级，优先级高的设备就成为 Master（主要），优先级低的设备就成为 Backup（备用）。

步骤 9：验证配置。

（1）断开二层交换机连接到三层交换机 S1 或 S2 中的任意一条网线，在局域网 PC 上 ping 外网地址 10.0.0.100。若任意一条网线断开后仍能与外部网络正常通信，则证明该实验配置成功。

（2）测试 VRRP 的选择是否正确。本实验中的三层交换机 S1 作为 Master，三层交换机 S2 作为 Backup。当各个设备正常运行时，使用局域网 PC 追踪 PC 到外部网络 Loopback 地址的路线，如图 4-7-2 所示。可看到第一跳经过了 192.168.1.2，也就是三层交换机 S1，这表明 VRRP 已经正确选择 S1 作为 Master。断开二层交换机连接到三层交换机 S1 的网线，再使用局域网 PC 追踪 PC 到外部网络 Loopback 地址的路线，如图 4-7-3 所示。此时第一跳经过了 192.168.1.1，也就是三层交换机 S2，这表明当 Master 失效时将自动选择 Backup 作为第二条备用线路，以确保网络还能正常通信。

```
C:\Documents and Settings\Administrator>tracert 10.0.0.100

Tracing route to 10.0.0.100 over a maximum of 30 hops

  1    <1 ms    <1 ms     1 ms   192.168.1.2
  2    <1 ms    <1 ms    <1 ms   10.0.0.100

Trace complete.
```

图 4-7-2　正常运行时配置 VRRP 的结果

```
C:\Documents and Settings\Administrator>tracert 10.0.0.100

Tracing route to 10.0.0.100 over a maximum of 30 hops

  1    <1 ms    <1 ms    <1 ms   192.168.1.1
  2    <1 ms    <1 ms    <1 ms   10.0.0.100

Trace complete.
```

图 4-7-3　断开后配置 VRRP 的结果

知识点拨

（1）VRRP 协议概述。

① VRRP 使用 IP 报文作为传输协议进行协议报文的传送，其协议号为 112。

② VRRP 使用固定的组播地址 224.0.0.18 发送协议报文。

③ VRRP 通过协议报文选举 Master。除 Maser 外，其他路由器作为 Backup 对 Master 进行备份。

④ Master 充当 Virtual Router 完成网关的所有功能。

⑤ Virtual Router 由 LAN 上唯一的 Virtual Router ID 标识，并具有如下的 MAC 地址：00-00-5E-00-01-{vrid}。

（2）VRRP 故障与排错。VRRP 配置比较简单，通过查看配置文件和调试信息即可完成故障排除。

① 控制台上频频给出配置错误的提示。

解答：这表明交换机收到了错误的 VRRP 报文。

② 同一个备份组出现多个 Master 交换机。

解答 1：多个 Master 并存时间较短，属于正常情况。

解答 2：多个 Master 长时间共存，有可能是 Master 之间收不到 VRRP 报文，或者是收到的报文不合法。

③ VRRP 的状态频繁转换。

解答 1：备份组定时器的时间间隔设置太小。

解答 2：加大定时器的时间间隔。

解答 3：设置抢占延迟时间。

（3）VRRP 意义。VRRP 是一种容错协议，它在提高可靠性的同时，简化了主机的配置。在具有多播或广播功能的局域网（如以太网）中，能在某台路由器出现故障时借助 VRRP 提供可靠的默认链路，有效地避免单一链路发生故障后网络中断的问题，且无须修改动态路由协议、路由发现协议等配置信息。

（4）VRRP 组的工作方式。VRRP 组具有以下两种工作方式：

① 非抢占方式：如果备份组中的路由器工作在非抢占方式下，则只要 Master 路由器没有出现故障，即使 Backup 路由器后来被配置了更高的优先级也不会成为 Master 路由器。

② 抢占方式：如果备份组中的路由器工作在抢占方式下，则一旦 Backup 路由器发现自己的优先级比当前的 Master 路由器的优先级高，就会对外发送 VRRP 通告报文，导致备份组重新选举 Master 路由器，并最终取代原有的 Master 路由器。相应地，原来的 Master 路由器将会变成 Backup 路由器。

拓展训练

某公司的网络一直处于不稳定状态，严重地影响了公司运作，因此该公司决定投入资金多购买一台三层交换机并请来一位网络工程师。经过考虑，网络工程师决定在该公司的两台三层交换机中配置 VRRP，并且做了一个均衡负载的分配，以使网络更加稳定。参照图 4-7-4 所示的拓扑结构，按照要求，使用相关网络设备，模拟出该名工程师为这间公司配置的 VRRP 实验。

要求如下：

（1）修改各网络设备的名称，制作相应的网线，按照拓扑图连接设备。

（2）在三层交换机 S1 中创建 VLAN10，把 Fa0/23 端口加入 VLAN10，设置 VLAN 网关地址为：10.0.0.102/24。在三层交换机 S2 中创建 VLAN20，把 Fa0/24 端口加入 VLAN20，设置网关地址为：10.0.0.101/24。在路由器 R1 中设置 Fa0/0 端口的网关地址为：90.0.0.1/24，设置 Fa0/1 端口的网关地址 80.0.0.1/24，创建一个 Loopback 地址：100.0.0.1/32。

（3）分别在 R1、S1、S2 中配置 OSPF 路由协议，使全网互通。

（4）在 S1 和 S2 中创建 VRRP 组，按照图中所给的组号和虚拟网关地址进行设置。在 S1 中，设置 VRRP1 优先级为 150，VRRP2 优先级为 100；在 S2 中，设置 VRRP1 优先级为 100，VRRP2 优先级为 150。

（5）配置完成后对实验进行测试。

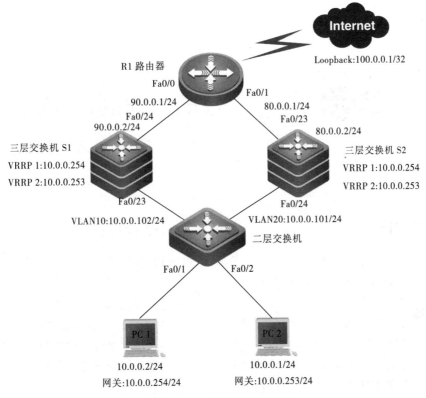

图 4-7-4　网络拓扑结构图

单 元 小 结

　　本单元共七个任务，包括风暴控制、端口安全设置、配置端口镜像、预防 ARP 攻击、配置 QoS（服务品质保证）、配置 ACL 限制上网时间、VRRP 配置。通过这些任务加强学生对三层交换机功能的认识，并加强学生对三层交换机功能配置的熟练程度。学生应该针对本单元所讲述的任务，积极地完成每个任务中的拓展训练。需要注意的是，配置完成后每个任务都要进行一次配置验证，以确保配置是成功的。教师也可以在课后安排学生之间相互出一些练习题给对方做，配置完毕后互相检查点评。

 公司内部网络接入外网

（路由器基本配置）

技能目标

（1）进入路由器配置模式。

（2）重命名、设置 enable 密码、查看配置。

（3）设置路由器的管理地址、远程管理账号。

（4）在路由器上配置 VRRP、单臂路由。

（5）配置 DHCP 服务器，自动分配 IP 地址。

（6）端口 IP 地址。

素养目标

（1）求同存异、相互包容意识。

（2）建立灵活、动态的规划思维。

（3）建立自动纠错机制。

（4）训练风险控制、备份思维。

（5）培养严谨、细致的工作作风。

（6）隐私数据保护和数据安全意识。

路由器（Router）是互联网的主要结点设备。路由器通过路由决定数据的转发，转发策略称为路由选择（Routing），这也是路由器名称（Router）的由来。路由器高度智能化，对各种路由协议、网络协议和网络接口广泛支持，还有其独具的安全性和访问控制等功能，一般的交换机、网桥等其他互联设备没有这样的功能。路由器的中低端产品可以用于连接主干网设备和小规模端点的接入，高端产品可以用于主干网之间的互联以及主干网与互联网的连接。特别是对于主干网的互联、主干网与互联网的互联互通，这些场合不但技术复杂（因为它们涉及通信协议、路由协议和众多接口，信息传输速度要求高），而且对网络安全性的要求也非常高，因此需要借助路由器实现。

路由器可形象地理解为互联网络的枢纽、十字路口"交通警察"、"汽车导航器"，路由器的其中一个作用是连通不同的网络，另一个作用是选择数据传送的线路（路由）。选择通畅快捷的近路，不但能大大提高通信速度，而且能减轻网络系统通信负荷，节约网络系统资源，提高网络系统畅通率，从而让网络系统发挥出更大的效益。本单元主要目的是认识路由器，对路由器做一些基本配置。路由器实物图如图 5-0-1 所示。

图 5-0-1　路由器实物图

任务一　路由器基本配置

（基本指令使用）

任务描述

德明公司刚买了一个路由器，现在要使用控制线让计算机的串口与路由器的 Console（控制）端口相连，通过计算机的超级终端对路由器进行初始化配置。具体要求是：把路由器的名称修改为 Route，查看路由信息，设置路由器的 enable 管理密码为 admin，最后保存路由器的配置。其中，网络拓扑结构图如图 5-1-1 所示。

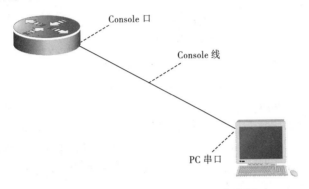

图 5-1-1　一台计算机配置管理路由器

【所需设备】一台路由器、两台计算机、一条 RJ-45 控制线。

任务实现

步骤 1：在路由器不带电的情况下，使用控制线将计算机与路由器 Console（控制）端口相连接，如图 5-1-1 所示。

步骤 2：打开路由器的电源开关，启动计算机，让路由器、计算机开始工作。

步骤 3：在计算机中依次选择"开始"|"附件"|"通讯"|"超级终端"命令，打开超级终端程序，如图 5-1-2 所示。

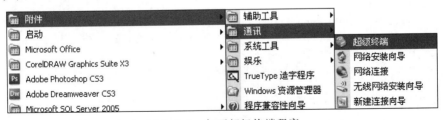

图 5-1-2　打开超级终端程序

步骤 4：在超级终端与路由器建立连接。输入连接的名称，选择合适的 COM 口，正确地配置参数，如图 5-1-3 所示。

步骤 5：进入路由器进行初始化配置。

（1）设置路由器名字为 Route。

```
Ruijie>enable                                    ! 进入路由器特权模式
```

```
Ruijie#configure terminal                    ！进入路由器全局模式
Ruijie(config)#hostname Route                ！更改名称为 Route
Route(config)#exit                           ！退出全局模式
Route#
```

图 5-1-3　配置超级终端

小贴士

（1）操作模式。"Ruijie ＞ "中的 "＞"符号表示路由器处于用户模式，也就是进入交换机后得到的第一个操作模式，在该模式下可以简单地查看路由器软、硬件信息；"Ruijie #configure terminal"中的 "#"表示路由器当前是在特权模式下操作；"Ruijie （config）#"中的 "（config）#"表示路由器当前是在配置模式下操作。输入完一条指令后按【Enter】键表示确定输入，执行指令。

（2）人性化的指令输入方式。输入 "？"符号可获得帮助，如 "Ruijie #？""Ruijie #configure？"均可获得对应的帮助信息，路由器会自动列举出可以选择执行的指令。完整写法的指令 "Ruijie # configure terminal"可以简写为 "Ruijie # config"，而按【Tab】键会自动补齐 Configure，可以通过按【↑】或【↓】键使用历史指令。

（2）参看路由器的有关信息。

```
Route#show version                            ！查看路由器的版本信息
System description: Ruijie Router(RSR20-04) by Ruijie Network
System start time: 2010-9-26 17:36:32
System uptime: 0:1: 8:6
System hardware version: 1.51
System software version: RGNOS 10.3.00(4), Release(40910)
System boot version: 10.3.40910
System serial number: 1234942570062
Route#
```

（3）设置路由器的 enable 密码。

```
Route#configure terminal                      ！进入全局模式
Route(config)#enable password admin           ！设置路由器 enable 密码为 admin
```

步骤 6：测试配置。

（1）验证路由器的 enable 密码是否起作用。

```
Route(config)#exit
Route#exit
Route>enable                                  ！重新进入特权模式
```

Password:　　　　　　　　　　　　! 现在提示需要输入正确的登录密码才能进入特权配置
Route#　　　　　　　　　　　　　! 输入正确的登录密码，进入特权模式
（2）使用 show 查看配置。

Route#show running-config　　　! 查看配置
Building configuration...
Current configuration : 622 bytes
!
version RGNOS 10.3.00(4), Release(40910)(Tue Jul 1 16:21:35 CST 2008
-ngcf32)
hostname Route
!
no service password-encryption
!
control-plane
!
control-plane protocol
!
control-plane manage
!
control-plane data
!
!
enable password admin　　　　　　　! 可看到配置的 enable 密码
!
interface Serial 4/0
 clock rate 64000
!
interface FastEthernet 0/0
 duplex auto
 speed auto
!
interface FastEthernet 0/1
 duplex auto
 speed auto
!
ref parameter 85 400
line con 0
line aux 0
line vty 0 4
 login
!
end
Route(config)#
步骤 7：保存配置。

Route#write　　　　　　　　　　! 保存设备的配置，把配置指令写入系统文件中
Building configuration...
 [OK]
Route#dir　　　　　　　　　　　　! 查看系统文件

Mode	Link	Size	MTime	Name
<DIR>	1	0	1970-01-01 08:00:00	dev/
<DIR>	2	0	2010-04-07 05:44:02	mnt/
<DIR>	1	0	2010-09-26 17:36:35	ram/
<DIR>	2	0	2010-09-26 17:36:55	tmp/
<DIR>	3	0	2010-04-16 00:26:56	info/
<DIR>	0	0	1970-01-01 08:00:00	proc/
	1	6 029 760	2010-04-07 05:41:10	rgnos.bin
	1	1 3443 520	2010-04-17 00:49:56	rgos.bin
	1	622	2010-09-26 22:41:06	config.text

```
3 Files (Total size 19 473 902 Bytes), 6 Directories
Total 33 030 144 bytes (31MB) in this device, 12 001 280 bytes (11MB) available
Route#
```

小贴士

配置完毕后需要保存配置，否则重启设备之后，配置信息会丢失；保存完配置之后，可以看到多了一个配置文件 config.text。

步骤 8：删除配置，恢复初始配置。

```
Route#del config.text            ！删除系统文件
Route#dir
```

Mode	Link	Size	MTime	Name
<DIR>	1	0	1970-01-01 08:00:00	dev/
<DIR>	2	0	2010-04-07 05:44:02	mnt/
<DIR>	1	0	2010-09-26 17:36:35	ram/
<DIR>	2	0	2010-09-26 17:36:55	tmp/
<DIR>	3	0	2010-04-16 00:26:56	info/
<DIR>	0	0	1970-01-01 08:00:00	proc/
	1	6 029 760	2010-04-07 05:41:10	rgnos.bin
	1	13 443 520	2010-04-17 00:49:56	rgos.bin

```
2 Files (Total size 19473280 Bytes), 6 Directories
Total 33030144 bytes (31MB) in this device, 12005376 bytes (11MB) available

Route#
```

小贴士

把配置文件 config.text 删除之后，再使用 dir 指令查看时就看不到该系统文件了，系统恢复了出厂配置。

 知识点拨

（1）路由器的内部组成。路由器的内部是一块印刷电路板，电路板上有许多大规模集成电路，还有一些插槽，用于扩充 Flash、内存（RAM）、接口和总线。实际上路由器和计算机一样，有四个基本部件：CPU、内存（RAM）、接口和总线。路由器是一台有特殊用途的计算机，它是专门用来做路由的。路由器和普通计算机的差别很明显，路由器没有显示器、硬盘、键盘以及多媒体部件，但它有 NVRAM、Flash 部件。

（2）路由器的基本指令。

① Exit　　　　　　　　　　　　　　　! 返回上一级操作模式
② del config.text　　　　　　　　　　! 删除配置文件
③ write　　　　　　　　　　　　　　! 保存配置
④ Configure terminal　　　　　　　　! 进入全局配置模式
⑤ hostname routerA　　　　　　　　! 配置设备名称为 routerA
⑥ enable secret star 或者 enable password star　　　　! 设置路由器的特权模式的
　　　　　　　　　　密码为 star。secret 指密码以非明文显示，password 指密码以明文显示
⑦ show running-config　　　　　　　! 查看当前生效的配置信息
⑧ show version　　　　　　　　　　! 查看版本信息
⑨ show running-config　　　　　　　! 查看当前生效的配置信息

拓展训练

（1）按图 5-1-4 所示的网络拓扑结构对路由器进行配置，要求如下：

① 将路由器的名称修改为 Route。

② 设置 enable 密码为 admin。

③ 保存配置。

（2）按图 5-1-5 所示的网络拓扑结构对路由器进行配置，要求如下：

① 将路由器的名称修改为 R1。

② 设置 enable 密码为 bisai。

③ 查看配置信息。

④ 保存配置。

路由器 Route　　　　　　PC　　　　　　路由器 R1　　　　　　PC

图 5-1-4　网络拓扑结构图　　　　　　图 5-1-5　网络拓扑结构图

（3）小明用一台路由器和两条网线将两台计算机 PC1、PC2 连接起来，其中，IP 设置、网线、网卡都没有问题，但是 PC1 与 PC2 不能通信，试分析问题可能出在哪里？

任务二　设置路由器端口 IP

（端口 IP 地址）

任务描述

假若德明公司有两个部门，其中一个部门使用 192.168.10.0/24 网段 IP，另一个部门使用 192.168.20.0/24 网段的 IP，现在两个部门需要融合在一起，可相互进行通信、共享网络资源。

PC1（192.168.10.2/24）代表其中一个部门的计算机，PC2（192.168.20.2/24）代表另一个部门的计算机，网络拓扑结构如图 5-2-1 所示。

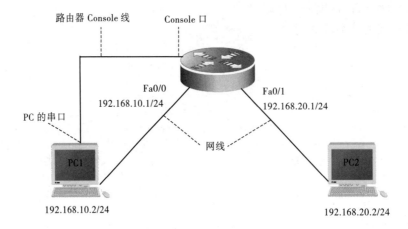

图 5-2-1　网络拓扑结构图

【所需设备】一台路由器、一台计算机、两条网线、一条 Console 线。

 任务实现

步骤 1：连接网线、Console 线。

步骤 2：进入路由器配置模式超级终端，对路由器进行配置。

（1）设置路由器名称为 Route

```
Ruijie>enable                              ！进入路由器特权模式
Ruijie#configure terminal                  ！进入路由器全局模式
Ruijie(config)#hostname Route              ！更改名称为 Route
```
（2）配置路由器 Fa0/0 端口的 IP 地址以及激活该端口。
```
Route(config)#interface FastEthernet 0/0   ！进入 Fa0/0 端口
Route(config-if)#ip address 192.168.10.1 255.255.255.0
                                           ！设置 IP(192.168.10.1/24)
Route(config-if)#no shutdown               ！激活端口，默认为关闭
```

小贴士

路由器端口的默认情况为关闭状态，交换机端口的默认状态为激活状态。

（3）配置路由器 Fa0/1 端口的 IP 地址以及激活该端口。
```
Route(config)#interface FastEthernet 0/1   ！进入 Fa0/1 端口
Route(config-if)#ip address 192.168.20.1 255.255.255.0
                                           ！设置 IP(192.168.20.1/24)
Route(config-if)#no shutdown               ！激活端口，默认为关闭
```
（4）保存配置。
```
Route(config-if)#exit
Route(config)#exit
Route#
%SYS-5-CONFIG_I: Configured from console by console
Route#write
Building configuration...
```

```
[OK]
Route#show run
Building configuration...

no service timestamps log datetime msec
no service timestamps debug datetime msec
no service password-encryption
!
hostname Route
!
interface FastEthernet0/0
 ip address 192.168.10.1 255.255.255.0
 duplex auto
 speed auto
!
interface FastEthernet0/1
 ip address 192.168.20.1 255.255.255.0
 duplex auto
 speed auto
!
interface vlan1
 no ip address
 shutdown
!
ip classless
!
line con 0
line vty 0 4
 login
!
End
```

步骤 3：设置 PC1、PC2 的 IP 地址，然后使用 ping 进行测试。

（1）设置 PC1 的 IP 地址以及网关为 192.168.10.2/24、192.168.10.1，设置 PC2 的 IP 地址以及网关为 192.168.20.2/24、192.168.20.1。

（2）在 PC1 上使用 ping 命令，ping 的结果如图 5-2-2 所示。

```
PC>ipconfig /all

Physical Address................: 0010.1178.B46D
IP Address......................: 192.168.10.2
Subnet Mask.....................: 255.255.255.0
Default Gateway.................: 192.168.10.1
DNS Servers.....................: 0.0.0.0

PC>ping 192.168.20.2

Pinging 192.168.20.2 with 32 bytes of data:

Reply from 192.168.20.2: bytes=32 time=63ms TTL=127
Reply from 192.168.20.2: bytes=32 time=63ms TTL=127
Reply from 192.168.20.2: bytes=32 time=63ms TTL=127
Reply from 192.168.20.2: bytes=32 time=63ms TTL=127

Ping statistics for 192.168.20.2:
    Packets: Sent = 4, Received = 4, Lost = 0 (0% loss),
Approximate round trip times in milli-seconds:
    Minimum = 63ms, Maximum = 63ms, Average = 63ms

PC>
```

图 5-2-2　PC1、PC2 互通

小贴士

路由器能使 192.168.10.0/24 与 192.168.20.0/24 两个不同网络的计算机连接起来且相互通信。

知识点拨

（1）路由器的作用。从过滤网络流量的角度来看，路由器的作用与交换机和网桥非常相似。但是与工作在网络物理层从物理上划分网段的交换机不同，路由器使用专门的软件协议从逻辑上对整个网络进行划分。例如，一台支持 IP 协议的路由器可以把网络划分成多个子网段，只有指向特殊 IP 地址的网络流量才可以通过路由器。对于每一个接收到的数据包，路由器都会重新计算其校验值，并写入新的物理地址。因此，使用路由器转发和过滤数据的速度往往要比只查看数据包物理地址的交换机慢。但是，对于那些结构复杂的网络，使用路由器可以提高网络的整体效率。路由器的另外一个明显的优势就是可以自动过滤网络广播。从总体上来说，在网络中添加路由器的安装过程要比即插即用的交换机的安装过程复杂很多。

（2）对网关的理解。网关（Gateway）又称网间连接器、协议转换器，如图 5-2-3 所示。网关在传输层上实现网络互联，它是最复杂的网络互联设备，仅用于两个高层协议不同的网络互联。网关的结构和路由器类似，不同的是互联层。网关既可以用于广域网互连，也可以用于局域网互连。

默认网关（Default Gateway）是当主机找不到可用的网关时，就把数据包发给默认的网关，由这个网关来处理数据包。目前，计算机使用的网关一般指默认网关。

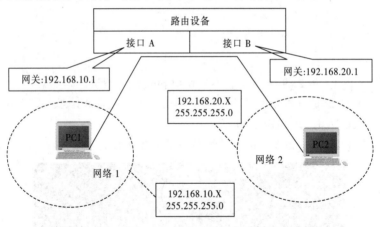

图 5-2-3 路由设备的网关

拓展训练

（1）按图 5-2-4 所示的网络拓扑结构对路由器进行配置，要求如下：

① 将路由器的名称修改为 Route。

② 设置 enable 密码为 admin。

③ 保存配置。

（2）按图 5-2-5 所示的网络拓扑结构对路由器进行配置，要求如下：

① 将路由器的名称修改为 R1。

② 设置 enable 密码为 bisai。

③ 配置路由器端口的 IP 地址，在 PC1、PC2 上使用 ping 命令进行测试。

④ 保存配置。

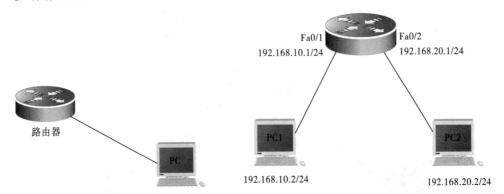

图 5-2-4　路由器 Route 的拓扑结构图　　　图 5-2-5　路由器 R1 的拓扑结构图

（3）按图 5-2-6 所示的网络拓扑结构对三层交换机进行配置，要求如下：

① 将三层交换机的名称修改为 SW3。

② 设置 enable 密码为 bisai。

③ 配置三层的端口 IP 地址。进入 Fa0/1、Fa0/2，设置命令 no switchport，将交换端口当作路由口使用，分别设置 IP 地址为 192.168.10.1、192.168.20.1。接着设置 PC1、PC2 两台计算机的 IP 地址及网关地址，并在 PC1、PC2 使用 ping 命令测试网络连通性。

④ 保存配置。

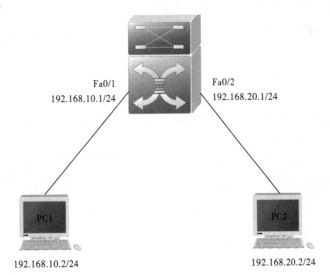

图 5-2-6　三层交换机的拓扑结构图

课外作业

（1）路由器有哪些作用？

（2）请比较第三单元任务三的"知识点拨"中提到的"网关"与本任务的"知识点拨"提到的"网关"，两个地方提到的"网关"有什么异同点？

任务三　配置路由器远程管理

（路由器远程管理）

【任务描述】德明公司为了更方便地配置路由器，决定在路由器上设置远程管理功能，远程登录用户名和密码都设置为 ruijie，其拓扑结构如图 5-3-1 所示。

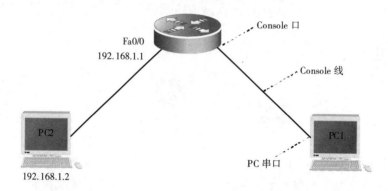

图 5-3-1　网络拓扑结构图

【所需设备】一台路由器、两台计算机、一条交叉网线、一条 Console 线。

任务实现

步骤 1：用 Console 线把 PC1 的串口与路由器的 Console 端口相连接。

步骤 2：对路由器进行配置。

（1）设置路由器名称为 Route。

```
Ruijie>enable                            ! 进入路由器特权模式
Ruijie#configure terminal                ! 进入路由器全局模式
Ruijie(config)#hostname Route            ! 更改名称为 Route
Route(config)#exit
Route#
```

（2）配置路由器的远程登录用户名和密码。

```
Route#configure terminal
Route(config)#username ruijie password ruijie   ! 设置用户名和登录密码
Route(config)#line vty 0 4                        ! 进入虚拟线路
Route(config-line)#login local                    ! 开启远程功能
Route(config-line)#exit
Route(config)#exit
Route#
```

（3）配置路由器端口的 IP 地址。

```
Route#configure terminal
Route(config)#interface FastEthernet 0/0              ! 进入 Fa0/0 端口
Route(config-if)#ip address 192.168.1.1 255.255.255.0  ! 设置端口管理地址
Route(config-if)#no shutdown                           ! 开启该端口
Route(config-if)#exit
Route(config)#exit
Route#
```

（4）查看配置。

```
Route#show running-config                              ! 查看配置
```

```
Building configuration…
Current configuration : 677 bytes

!
version RGNOS 10.3.00(4), Release(40910)(Tue Jul  1 16:21:35 CST 2008
-ngcf32)
hostname Route
!
username ruijie password ruijie
no service password-encryption
!
control-plane
!
control-plane protocol
!
control-plane manage
!
control-plane data
!
interface Serial 4/0
 clock rate 64000
!
interface FastEthernet 0/0
 ip address 192.168.1.1 255.255.255.0
 duplex auto
 speed auto
!
interface FastEthernet 0/1
 duplex auto
 speed auto
!
ref parameter 85 400
line con 0
line aux 0
line vty 0 4
 login local
!
end
Route#
```

步骤 3：测试是否可远程管理路由器。

（1）用网线把计算机的网线接口与路由器的 Fa0/0 端口连接起来。

（2）配置 PC2 的 IP 地址为 192.168.1.2/24，并使用远程登录命令 Telnet 测试是否可远程管理路由器，如图 5-3-2 所示。

📌 **小贴士**

设置远程管理后，可以更方便地管理设备。路由器的 Loopback 地址、端口的 IP 地址都可以作为远程管理路由器的地址。

```
PC>ipconfig /all

Physical Address.................: 0010.1178.B46D
IP Address.......................: 192.168.1.2
Subnet Mask......................: 255.255.255.0
Default Gateway..................: 192.168.1.1
DNS Servers......................: 0.0.0.0

PC>telnet 192.168.1.1
Trying 192.168.1.1 ...Open


User Access Verification

Username: ruijie
Password:
Route>enable
```

图 5-3-2 Telnet 路由器

拓展训练

按图 5-3-3 所示的网络拓扑结构对路由器进行配置，要求如下：

（1）将路由器命名为 Route。

（2）设置远程登录用户名和密码均为 admin。

（3）设置 enable 管理地址为 10.1.1.3。

（4）开启远程管理。

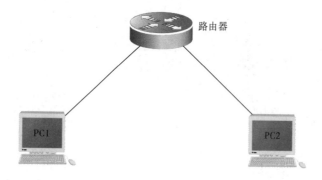

图 5-3-3 网络拓扑结构图

课外作业

远程管理路由器有哪些优点？

任务四   单臂路由的配置与应用

（子接口配置）

任务描述

假若德明公司有生产部、销售部、财务部三个部门。随着业务发展，各个部门员工增多，公司的计算机用户也不断地增加，为提高公司内部网络的工作效率和管理，现按部门划分 VLAN。设置生产部归属于 VLAN10，使用 192.168.1.0/24 网段 IP；销售部归属于 VLAN20，使用 192.168.2.0/24 网段 IP；财务部归属于 VLAN30，使用 192.168.3.0/24 网段 IP。三个部门的计算机都是由二层交换机接入网络，现在公司又没有三层交换机，只有一台路由器。现要使公司各部门内部、部门之间的计算机均能进行通信和共享网络资源，就需要对二层交换机、路由器进行配置，以实现公司网络工程的改造，改造后的网络拓扑结构如图 5-4-1 所示。

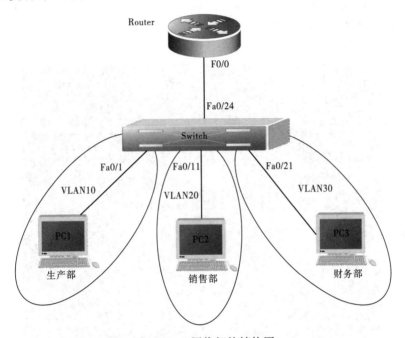

图 5-4-1　网络拓扑结构图

【所需设备】一台路由器、一台二层交换机、一条 RJ-45 控制线、四条网线。

任务实现

步骤 1：网络连线。用 Console 线、网线连接各设备，如图 5-4-1 所示。

步骤 2：给 PC1、PC2、PC3 分别设置 IP 地址为 192.168.1.2、192.168.2.2、192.168.3.2。

步骤 3：对二层交换机 Switch 进行配置。划分 VLAN10、VLAN20、VLAN30，将各端口加入对应的 VLAN，把 Fa0/24 端口设置为 Trunk 模式。

```
Switch>enable
Switch#configure
Configuring from terminal, memory, or network [terminal]
Enter configuration commands, one per line.  End with CNTL/Z
Switch(config)#
Switch(config)#vlan 10                              ! 创建 VLAN10
Switch(config-vlan)#vlan 20                          ! 创建 VLAN20
Switch(config-vlan)#vlan 30                          ! 创建 VLAN30
Switch(config-vlan)#exit
Switch(config)#interface range FastEthernet 0/1-10   ! 进入端口 Fa0/1-10
Switch(config-if-range)#switchport access vlan 10    ! 划分端口为 VLAN10
Switch(config-if-range)#exit
Switch(config)#interface range FastEthernet 0/11-20
Switch(config-if-range)#switchport access vlan 20
```

```
Switch(config-if-range)#exit
Switch(config)#interface range FastEthernet 0/21-23
Switch(config-if-range)#switchport access vlan 30
Switch(config-if-range)#exit
Switch(config)#interface FastEthernet 0/24              ！进入端口 Fa0/24
Switch(config-if)#switchport mode trunk                 ！设置端口为主干端口
```

步骤 4：在 PC1 上使用 ping。验证 PC1 与 PC2 能否通信，PC1 与 PC3 能否通信。可观察到 PC1、PC2、PC3 相互不能连通，处于隔离状态，如图 5-4-2 所示。

```
PC>ipconfig /all

Physical Address..................: 0010.1178.B46D
IP Address........................: 192.168.1.2
Subnet Mask.......................: 255.255.255.0
Default Gateway...................: 192.168.1.1
DNS Servers.......................: 0.0.0.0

PC>
PC>
PC>
PC>ipconfig /all

Physical Address..................: 0010.1178.B46D
IP Address........................: 192.168.1.2
Subnet Mask.......................: 255.255.255.0
Default Gateway...................: 192.168.1.1
DNS Servers.......................: 0.0.0.0

PC>ping 192.168.2.2

Pinging 192.168.2.2 with 32 bytes of data:

Request timed out.
Request timed out.
Request timed out.
Request timed out.

Ping statistics for 192.168.2.2:
    Packets: Sent = 4, Received = 0, Lost = 4 (100% loss),

PC>ping 192.168.3.2

Pinging 192.168.3.2 with 32 bytes of data:

Request timed out.
Request timed out.
Request timed out.
```

图 5-4-2   划分 VLAN 后在 PC1 中 ping 其他 PC

步骤 5：对路由器进行配置使得网络互通。在路由器上配置子接口，做相关的配置使得网络互通。

```
Router#
Router#config
Router(config)#interface FastEthernet 0/0.1         ！创建并进入子接口 1
Router(config-subifi)#encapsulation dot1Q 10        ！加入 VLAN10
Router(config-subifi)#ip address 192.168.1.1 255.255.255.0 ！设置 IP
Router(config-subifi)#exit
Router(config)#interface FastEthernet 0/0.2         ！创建并进入子接口 2
Router(config-subifi)#encapsulation dot1Q 20        ！加入 VLAN20
Router(config-subifi)#ip address 192.168.2.1 255.255.255.0 ！设置 IP
Router(config-subifi)#exit
Router(config)#interface FastEthernet 0/0.3         ！创建并进入子接口 3
```

```
Router(config-subifi)#encapsulation dot1Q 30          ！加入VLAN30
Router(config-subifi)#ip address 192.168.3.1 255.255.255.0 ！设置IP
Router(config-subifi)#exit
```

步骤6：验证PC目前的连通性。在PC1中使用ping，验证PC1与PC2能否相互通信，PC1与PC3能否相互通信，如图5-4-3所示。

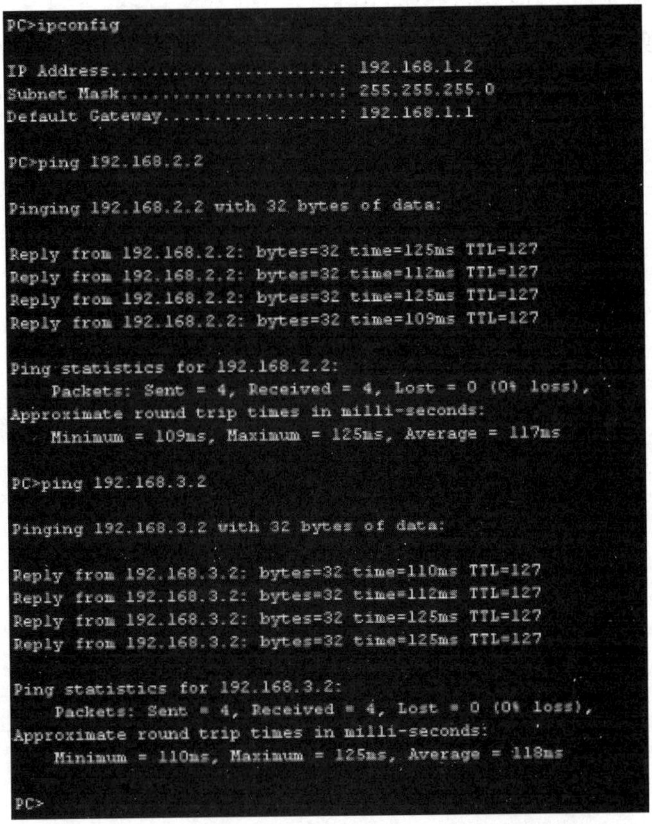

```
PC>ipconfig

IP Address......................: 192.168.1.2
Subnet Mask.....................: 255.255.255.0
Default Gateway.................: 192.168.1.1

PC>ping 192.168.2.2

Pinging 192.168.2.2 with 32 bytes of data:

Reply from 192.168.2.2: bytes=32 time=125ms TTL=127
Reply from 192.168.2.2: bytes=32 time=112ms TTL=127
Reply from 192.168.2.2: bytes=32 time=125ms TTL=127
Reply from 192.168.2.2: bytes=32 time=109ms TTL=127

Ping statistics for 192.168.2.2:
    Packets: Sent = 4, Received = 4, Lost = 0 (0% loss),
Approximate round trip times in milli-seconds:
    Minimum = 109ms, Maximum = 125ms, Average = 117ms

PC>ping 192.168.3.2

Pinging 192.168.3.2 with 32 bytes of data:

Reply from 192.168.3.2: bytes=32 time=110ms TTL=127
Reply from 192.168.3.2: bytes=32 time=112ms TTL=127
Reply from 192.168.3.2: bytes=32 time=125ms TTL=127
Reply from 192.168.3.2: bytes=32 time=125ms TTL=127

Ping statistics for 192.168.3.2:
    Packets: Sent = 4, Received = 4, Lost = 0 (0% loss),
Approximate round trip times in milli-seconds:
    Minimum = 110ms, Maximum = 125ms, Average = 118ms

PC>
```

图5-4-3　路由器设子接口后测试网络是否相通

小贴士

　　把一个物理接口当成多个逻辑接口使用时，往往需要在该接口上启用子接口。通过一个个的逻辑子接口实现物理端口以一当多的功能。

知识点拨

　　（1）把与交换机相连的端口设置为Trunk（主干）口，即设置其为Tag VLAN模式，让连接在不同交换机上的相同VLAN中的主机互通。

　　（2）802.1Q是用于支持虚拟LAN之间通信的IEEE标准。IEEE 802.1Q使用内部标记机制，即在原始以太网的源地址和类型/长度字段之间插入一个4字节的标记字段，此时，帧发生了改变，因此中继设备会重新计算修改后的数据帧的校验序列。802.1Q也称为dot1q。

　　（3）之所以单臂路由的概念极具魅力，是因为它从主要数据通道中去除了处理更加密集、等待时间更长的路由功能。单臂路由器位于ATM主干交换机一侧，以一条ATM连接与交换机相连，让不需要穿越路由器的数据包不受阻碍地通过 ATM 主干。单臂路由器的另一优点是相对于其他方案而言，其配置和管理都不太复杂。

拓展训练

根据图 5-4-4 所示的拓扑结构完成以下练习。

（1）在二层交换机上创建两个 VLAN，并划分端口，将与路由器相连的端口设置为主干端口。

（2）在路由器上创建两个子接口并将其加入 VLAN，将其 Enable 管理地址分别设置为 192.168.10.1、192.168.20.1。

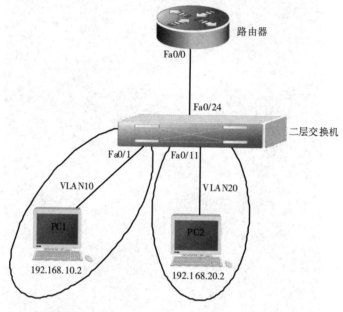

图 5-4-4 网络拓扑结构图

课外作业

（1）本任务的"任务描述"提出什么问题？

（2）本任务的"任务实现"是怎样去解决问题的？

（3）请比较第三单元任务六的"拓展训练"第 2 题的拓扑结构图与本任务的拓扑结构图，有哪些异同点？

*任务五　配置路由器热备份

（VRRP）

任务描述

某公司新购了两台路由器、两台二层交换机，为了防止某设备出现故障而导致公司员工无法准时发送资料，公司网络维护员决定在网络中设置热备份来解决这一问题。

【所需设备】两台二层交换机、两台路由器、两台计算机、网线若干条。

任务实现

步骤1：按图5-5-1所示的拓扑结构，给PC1、PC2分别设置IP地址为10.1.1.10、20.1.1.10。

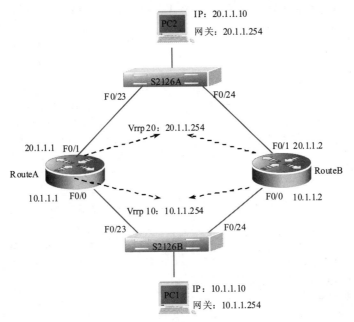

图5-5-1　网络拓扑结构图

步骤2：对二层交换机进行配置，设置其名称为S2126A，设置Fa0/23-24端口为主干端口。

```
Switch>enable                                        ! 进入特权模式
Switch #configure terminal                           ! 进入全局模式
Switch (config)#hostname S2126A                      ! 更改名称为S2126A
S2126A(config)#interface range FastEthernet 0/23-24  ! 进入Fa0/23-24端口
S2126A(config-if-range)#switchport mode trunk        ! 设为主干端口
```

步骤3：对二层交换机进行配置，设置其名称为S2126B，设置Fa0/23-24端口为主干端口。

```
Switch>enable
Switch #configure terminal
Switch (config)#hostname S2126B
S2126B(config)#interface range FastEthernet 0/23-24
S2126B(config-if-range)#switchport mode trunk
```

步骤4：配置路由器RouteA，设置端口IP并在Fa0/0、Fa0/1端口设置VRRP。

```
Ruijie>enable                                        ! 进入特权模式
Ruijie#configure terminal                            ! 进入全局模式
Ruijie(config)#hostname RouteA                       ! 更改名称为RouteA
RouteA(config)#interface FastEthernet 0/1            ! 进入Fa0/1端口
RouteA(config-if)#ip address 20.1.1.1 255.255.255.0  ! 设置管理地址
RouteA(config-if)#vrrp 20 ip 20.1.1.254              ! 创建VRRP组20并设置虚拟网关
RouteA(config-if)#vrrp 20 priority 120               ! 设置VRRP组20的优先级
RouteA(config-if)#exit
RouteA(config)#interface FastEthernet 0/0
RouteA(config-if)#ip address 10.1.1.1 255.255.255.252
RouteA(config-if)#vrrp 10 ip 10.1.1.254              ! 创建VRRP组10并设置虚拟网关
```

```
RouteA(config-if)#vrrp 10 priority 150          ! 设置 VRRP 组 10 的优先级
RouteA(config-if)#vrrp 10 track FastEthernet 0/0 80
                    ! 当接口 Fa0/0 为 down，vrrp 10 降低 80 的优先级，优先级变为 70
RouteA(config-if)#vrrp 10 track FastEthernet 0/1 80
```

步骤 5：配置路由器 RouteB，设置端口 IP 并在端口 Fa0/0 设置 VRRP。

```
Ruijie>enable                                    ! 进入特权模式
Ruijie#configure terminal                        ! 进入全局模式
Ruijie(config)#hostname RouteB                   ! 更改名称为 RouteB
RouteB(config)#interface FastEthernet 0/1        ! 进入 Fa0/1 端口
RouteB(config-if)#ip address 20.1.1.2 255.255.255.0  ! 设置管理地址
RouteB(config-if)#vrrp 20 ip 20.1.1.254          ! 创建 VRRP 组 20 并设置虚拟网关
RouteB(config-if)#vrrp 20 priority 150           ! 设置 VRRP 组 20 的优先级
RouteB(config-if)#vrrp 20 track FastEthernet 0/1 80
                    ! 当接口 Fa0/1 为 down，vrrp 10 降低 80 的优先级，优先级变为 70
RouteB(config-if)#vrrp 20 track FastEthernet 0/0 80
RouteB(config-if)#exit
RouteB(config)#interface FastEthernet 0/0
RouteB(config-if)#ip address 10.1.1.2 255.255.255.252
RouteB(config-if)#vrrp 10 ip 10.1.1.254          ! 创建 VRRP 组 10 并设置虚拟网关
RouteB(config-if)#vrrp 10 priority 120           ! 设置 VRRP 组 10 的优先级
```

步骤 6：查看各设备的配置。

（1）查看 S2126A 的有效配置信息。

```
S2126A#show running-config
System Software Version : 1.8(1a2)Build Jan  1 2009 Rel(3869440)
Building configuration...
Current configuration : 178 bytes
!
version 1.0
!
hostname S2126A
vlan1
!
interface FastEthernet 0/23
 switchport mode trunk
!
interface FastEthernet 0/24
 switchport mode trunk
!
end
S2126A#
```

（2）查看 S2126B 的有效配置信息。

```
S2126B#show running-config
System Software Version : 1.8(1a2)Build Jan  1 2009 Rel(3869440)
Building configuration...
Current configuration : 178 bytes
!
version 1.0
!
hostname S2126B
vlan1
!
interface FastEthernet 0/23
```

```
 switchport mode trunk
!
interface FastEthernet 0/24
 switchport mode trunk
!
end
S2126B#
```

（3）查看 RouteA 的有效配置信息。

```
RouteA#show running-config
Building configuration...
Current configuration : 766 bytes

!
version RGNOS 10.3.00(4), Release(40910)(Tue Jul  1 16:21:35 CST 2008
-ngcf32)
hostname RouteA
!
no service password-encryption
control-plane
!
control-plane protocol
!
control-plane manage
!
control-plane data
!
interface Serial 4/0
 clock rate 64 000
!
interface FastEthernet 0/0
 ip address 10.1.1.1 255.255.255.0
 vrrp 10 priority 150
 vrrp 10 ip 10.1.1.254
 vrrp 10 track FastEthernet 0/0 80
 vrrp 10 track FastEthernet 0/1 80
 duplex auto
 speed auto
!
interface FastEthernet 0/1
 ip address 20.1.1.1 255.255.255.0
 vrrp 20 priority 150
 vrrp 20 ip 20.1.1.254
 duplex auto
 speed auto
!
ref parameter 85 400
line con 0
line aux 0
line vty 0 4
 login
```

```
 !
 end
RouteA#
```

（4）查看 RouteB 的有效配置信息。

```
RouteB#show running-config
Building configuration...
Current configuration : 766 bytes
 !
version RGNOS 10.3.00(4), Release(40910)(Tue Jul  1 16:21:35 CST 2008
-ngcf32)
hostname RouteB
 !
no service password-encryption
 !
control-plane
 !
control-plane protocol
 !
control-plane manage
 !
control-plane data
 !
interface Serial 4/0
 clock rate 64000
 !
interface FastEthernet 0/0
 ip address 10.1.1.2 255.255.255.0
 vrrp 10 priority 120
 vrrp 10 ip 10.1.1.254
 duplex auto
 speed auto
 !
interface FastEthernet 0/1
 ip address 20.1.1.2 255.255.255.0
 vrrp 20 priority 120
 vrrp 20 ip 20.1.1.254
 vrrp 20 track FastEthernet 0/1 80
 vrrp 20 track FastEthernet 0/0 80
 duplex auto
 speed auto
 !
ref parameter 85 400
line con 0
line aux 0
line vty 0 4
 login
 !
end
RouteB#
```

步骤 7：测试结果。

（1）在 PC1 上 ping PC2 的 IP 地址，如图 5-5-2 所示。

图 5-5-2　网络正常情况下主路由起作用

（2）断掉交换机 S2126B 的端口 Fa0/23 的线再 ping PC2 的 IP 地址，如图 5-5-3 所示。

图 5-5-3　网络有故障时启用备用路由

 小贴士

在网络上设置 VRRP，起到双保险的作用，这样可以更安全地传输数据。

知识点拨

VRRP 协议是为消除在静态默认路由环境下的默认路由器单点故障引起的网络失效而设计的主备模式的协议，使得在发生故障而进行设备功能切换时可以不影响内外数据通信，不需要再修改内部网络的网络参数。VRRP 协议需要具有 IP 地址备份、优先路由选择，减少不必要的路由器间的通信等功能。

拓展训练

根据图 5-5-4 所示的拓扑结构完成以下练习：

（1）将与路由器相连的二层交换机的端口设置为主干端口。

（2）分别设置路由器 RouteA 的 Fa0/0、Fa0/1 端口的管理地址为 100.1.1.1、200.1.1.1，并配置 VRRP 组 1、组 2。

（3）分别设置路由器 RouteB 的 Fa0/0、Fa0/1 端口的管理地址为 100.1.1.2、200.1.1.3，并配置 VRRP 组 1、组 2。

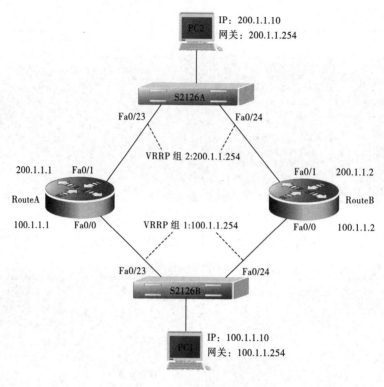

图 5-5-4　网络拓扑结构图

课外作业

（1）什么是 VRRP？

（2）路由器上配置 VRRP 有什么意义？

（3）任务实现中哪些步骤是配置 VRRP 的最关键步骤？

任务六　配置路由器 DHCP 服务器

（自动分配 IP）

任务描述

　　假若德明公司的销售部门大概有员工 300 人，该部门员工经常外出拜访客户、寻找商机，在公司上班的时间不多，一年之中该部门最多时有 20 人在公司上班。为了节约成本，公司只买了一个有 24 口的交换机给该部门接入上网，公司网管采用了 DHCP 为销售部员工动态分配 IP 地址方式，即为接入公司网络的销售部员工的计算机分配一个可用的 DHCP 地址，其网络拓扑结构如图 5-6-1 所示。

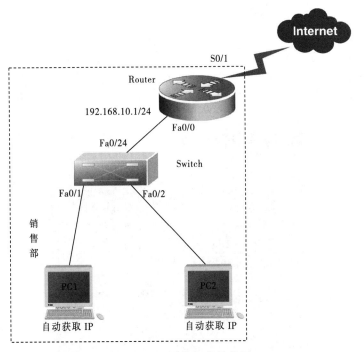

图 5-6-1　网络拓扑结构图

【所需设备】一个路由器、一台二层交换机、两台计算机、一条 RJ-45 控制线。

 任务实现

步骤 1：参照图 5-6-1 所示的网络拓扑结构连接网线、控制线。

步骤 2：在路由器 Router 上配置 DHCP 服务器，并设置 Fa0/0 端口的 IP 地址为 192.168.10.1。

```
Ruijie>enable
Ruijie #config terminal
Ruijie (config)#hostname Router
Router(config)#interface FastEthernet 0/0
Router(config-if)#ip address 192.168.10.1 255.255.255.0
                                              ! 配置 Fa0/0 端口管理地址
Router(config-if)#exit
Router(config)#service dhcp                   ! 开启 DHCP 服务
Router(config)#ip dhcp pool dhcp1             ! 创建 DHCP1 地址池
Router(dhcp-config)#network 192.168.10.0 255.255.255.0! 配置 DHCP 分配地址范围
Router(dhcp-config)#default-router 192.168.10.1    ! 配置 DHCP 网关为 F0/0 地址
Router(dhcp-config)#exit
Router(config)#ip dhcp excluded-address 192.168.10.1 192.168.10.10
                                              ! 配置排除地址
```

小贴士

定义了 DHCP 服务器可以动态分配的地址范围为 192.168.10.11～192.168.10.254。

步骤3：配置二层交换机名称为Switch。

```
Ruijie>enable
Ruijie#configure terminal
Ruijie(config)#hostname Switch
```

步骤4：测试配置是否成功。在PC1上设置自动获取IP地址，即可获取路由器分配的DHCP
地址，如图5-6-2所示。

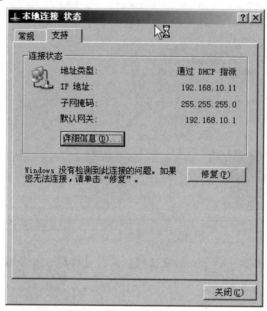

图 5-6-2　获取分配到的 DHCP 地址

知识点拨

DHCP（Dynamic Host Configuration Protocol，动态主机设置协议）是一个局域网的网络协议，它主要有两个用途：一是在内部网络中，给用户自动分配IP地址；二是网络服务供应商为用户自动分配IP地址。

拓展训练

（1）配置DHCP服务，其拓扑结构如图5-6-3所示。

① 在路由器上开启DHCP服务，并配置地址池，设置端口的管理地址。

② 修改二层交换机的名称，且将其端口连接相应的PC。

③ 测试效果。

（2）配置DHCP服务，其拓扑结构如图5-6-4所示。

① 在路由器上开启DHCP服务，并配置地址池，设置端口的管理地址。

② 在三层交换机上开启DHCP服务，设置DHCP中继，并将其端口连接相应的计算机。

③ 测试效果。

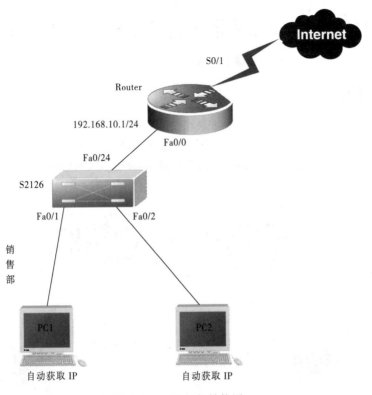

图 5-6-3　网络拓扑结构图

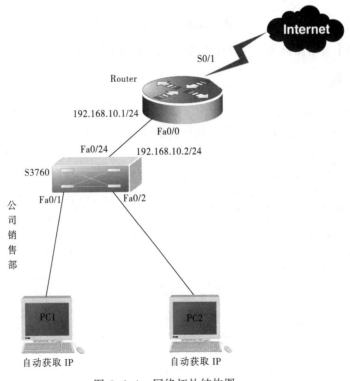

图 5-6-4　网络拓扑结构图

任务七　在路由器上配置 NAT 保护内网安全

（静态 NAT 以及内网安全）

任务描述

假若德明公司内部有一台服务器，安装了公司的办公系统，这个办公系统是一个 Web 站点。近期公司网络管理人员发现有非公司员工恶意攻击此服务器，为了保护服务器的安全，网络管理人员采用了 NAT 技术，阻止外网计算机对该服务器的攻击，其网络拓扑结构如图 5-7-1 所示。

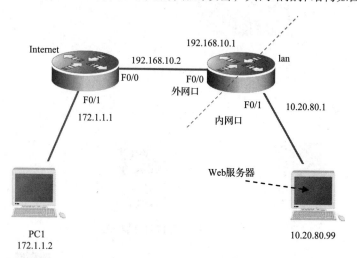

图 5-7-1　网络拓扑结构图

【所需设备】两台路由器、两台计算机、一条 RJ-45 控制线。

任务实现

步骤 1：连接网线、控制线。

步骤 2：配置路由器 internet，设置端口的 IP 地址。

```
Ruijie>enable                                          ! 进入特权模式
Ruijie#configure terminal                              ! 进入全局模式
Ruijie(config)#hostname internet                       ! 命名为 internet
internet(config)#interface FastEthernet 0/0            ! 进入端口 Fa0/0
internet(config-if)#ip address 192.168.10.2 255.255.255.0  ! 设置 IP
internet(config-if)#exit
internet(config)#interface FastEthernet 0/1
internet(config-if)#ip address 172.1.1.1 255.255.255.0
internet(config-if)#exit
internet(config)#exit
internet#show running                                  ! 查看配置

Building configuration...
Current configuration : 679 bytes
!
version RGNOS 10.3.00(4), Release(40910)(Tue Jul  1 16:21:35 CST 2008
-ngcf32)
hostname internet
```

```
!
no service password-encryption
!
control-plane
!
control-plane protocol
!
control-plane manage
!
control-plane data
!
interface Serial 4/0
 clock rate 64000
!
interface FastEthernet 0/0
 ip address 192.168.10.2 255.255.255.0
 duplex auto
 speed auto
!
interface FastEthernet 0/1
 ip address 172.1.1.1 255.255.255.0
 duplex auto
 speed auto
!
ref parameter 85 400
line con 0
line aux 0
line vty 0 4
 login
!
end
internet#
```

步骤 3：配置路由器 lan，设置端口的 IP 地址，配置缺省路由，配置 NAT 映射。

```
Ruijie>enable
Ruijie#configure terminal
Ruijie(config)#hostname lan
lan(config)#interface FastEthernet 0/0
lan(config-if)#ip address 192.168.10.1 255.255.255.0
lan(config-if)#ip nat outside                     ! 设置此端口为 NAT 外网口
lan(config-if)#exit
lan(config)#interface FastEthernet 0/1
lan(config-if)#ip address 10.20.80.1 255.255.255.0
lan(config-if)#ip nat inside                      ! 设置此端口为 NAT 内网口
lan(config-if)#exit
lan(config)#ip route 0.0.0.0 0.0.0.0 FastEthernet 0/0 ! 配置默认路由
```

步骤 4：在路由器 lan 上配置 NAT。

```
lan(config)#ip nat inside source static tcp 10.20.80.99 80 192.168.10.1 80
                ! 定义访问外网 IP 的 80 端口时转换为内网服务器 IP 的 80 端口
```

小贴士

定义了静态 NAT。

```
lan(config)#exit
lan#show running-config                           ! 查看配置
Building configuration…
Current configuration : 974 bytes
!
version RGNOS 10.3.00(4), Release(40910)(Tue Jul  1 16:21:35 CST 2008
-ngcf32)
hostname lan
!
no service password-encryption
!
ip access-list standard 1
 10 permit host 192.168.10.1
!
control-plane
!
control-plane protocol
!
control-plane manage
!
control-plane data
!
interface Serial 4/0
 clock rate 64000
!
interface FastEthernet 0/0
 ip nat outside
 ip address 192.168.10.1 255.255.255.0
 duplex auto
 speed auto
!
interface FastEthernet 0/1
 ip nat inside
 ip address 10.20.80.1 255.255.255.0
 duplex auto
 speed auto
!
ip nat inside source static tcp 10.20.80.99 80 192.168.10.1 80
!
ip route 0.0.0.0 0.0.0.0 FastEthernet 0/0
!
ref parameter 85 400
line con 0
line aux 0
line vty 0 4
 login
!
end
lan#
```

步骤 5：测试，查看路由器的 NAT 转换信息。

（1）在 PC1（IP:172.1.1.2）上打开 IE 浏览器，访问 PC2（IP:10.20.80.99）的 Web 服务器，在 IE 浏览器的地址栏中输入 http://192.168.10.1，如图 5-7-2 所示。

图 5-7-2　Web 服务器

 小贴士

Web 站点服务是使用 80 端口。在测试前，要先在 PC2 上搭建好 Web 服务器，并设置 PC2 的 IP 为 10.20.80.99 和站点的启动页面。

（2）查看 NAT 转换情况。

```
lan#show ip nat translations
Pro Inside global        Inside local        Outside local        Outside global
tcp 172.1.1.2:1278       172.1.1.2:1278      192.168.10.1:80      10.20.80.99:80
lan#
```

 小贴士

NAT 隐藏了内网情况，以阻止非法攻击，保护内网的安全。

知识点拨

NAT（NAT，Network Address Translation）就是将网络地址从一个地址空间转换到另外一个地址空间的一个行为。本节课学习静态 NAT，静态 NAT 地址转换，是将一个本地（内部服务器地址）IP 地址对应一个全局 IP 地址，外部网络通过全局 IP 地址以实现访问内部服务器的服务，比如此案例中在外部网络通过访问 http://192.168.10.1，借助路由器外网口接口的公有 IP 地址（192.168.10.1）以实现访问内网服务器 10.20.80.99 的 Web 服务。在路由器 lan 上配置静态 NAT 后，当它接收到 http://192.168.10.1 访问请求时，路由器设备根据步骤 4 静态 NAT 配置，将请求转换为访问 http://10.20.80.99。

静态转换是指将内部网络的私有 IP 地址转换为公有 IP 地址，IP 地址对是一对一的，是一成不变的，某个私有 IP 地址只转换为某个公有 IP 地址。借助于静态转换，可以实现外部网络对内部网络中某些特定设备（如服务器）的访问。

通过定义一个服务端口，所有对设备该端口的服务请求将被重新定位给指定的局域网中的服务器，从而广域网中的计算机就可实现对局域网服务器的访问。就是说在 NAT 网关上开放一个固定的端口，然后设定此端口收到的数据要转发给内网哪个 IP、哪个端口，不管有没有连接，这个映射关系都会一直存在；就可以让公网主动访问内网的一个计算机的服务。

拓展训练

（1）根据图 5-7-3 所示的网络拓扑结构配置 NAT，使服务器对外只开放 FTP 和 Web 服务。

① 配置路由器 internet 端口的 IP 地址。

② 配置路由器 lan 端口的 IP 地址，配置默认路由，配置 NAT 映射。

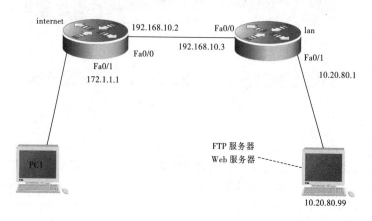

图 5-7-3　网络拓扑结构图

（2）通过静态 NAT 技术把内部多个主机的服务映射到外网口以对外提供网络服务，从而使得广域网上的用户获得对应的服务。按照图 5-7-4 所示的网络拓扑结构，在内网中设置三台服务器（FTP、Web、Email 服务器），网络管理员希望广域网上的主机能够访问这三台服务器，同时内部网络的用户在设置好网关后能够访问 Internet，即利用设备提供静态 NAT 映射功能实现服务器，动态 NAT 实现用户上网。在 PC2、PC3 上利用已安装的虚拟机分别配置好 Web 和 FTP 服务器，其中，访问 Web 服务器时，打开的页面的显示内容为"企业网络管理技术"。令 PC5 模拟广域网中的计算机，在 PC5 上打开浏览器浏览 Web 服务器，并抓图保存为 WebNat.jpg，把路由器的配置文件分别保存为 RA.txt、RB.txt。

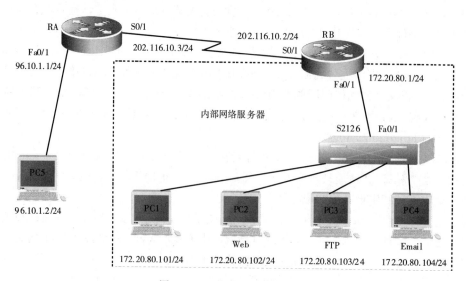

图 5-7-4　网络拓扑结构图

任务八　在路由器上配置 NAT 实现地址复用

（动态 NAT、地址复用）

任务描述

假若德明公司大概有 200 名员工，该公司从 ISP（互联网服务提供商）处申请到了一条专线，同时获得了一个 IP 地址为 202.116.6.19/24 的公网，为了解决公司 200 名员工上网的问题，网络管理人员决定采用 NAT 地址转换技术，把内网的私有地址转换成公网的 IP 地址，复用公网 IP 地址上网，其网络拓扑结构如图 5-8-1 所示。

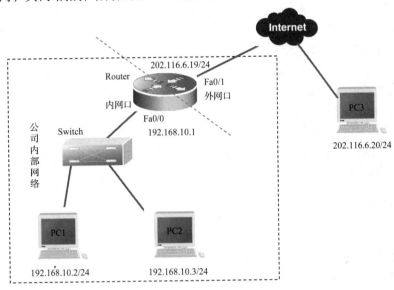

图 5-8-1　网络拓扑结构图

【所需设备】一台交换机、三台路由器、两台计算机、一条 RJ-45 控制线。

任务实现

步骤 1：连接好网线、控制线。

步骤 2：配置二层交换机，将其命名为 Switch。

```
Ruijie>enable                                      ! 进入特权模式
Ruijie#configure terminal                          ! 进入全局模式
Ruijie(config)#hostname Switch                     ! 命名为 Switch
```

步骤 3：配置路由器，将其命名为 Router，设置端口的 IP，配置 NAT。

```
Ruijie>enable                                      ! 进入特权模式
Ruijie#configure terminal                          ! 进入全局模式
Ruijie(config)#hostname Router                     ! 命名为 Router
Router(config)#interface FastEthernet 0/0          ! 进入端口 Fa0/0
Router(config-if)#ip address 192.168.10.1 255.255.255.0   ! 配置端口 IP
Router(config-if)#ip nat inside                    ! 设为内网口
Router(config-if)#exit
Router(config)#interface FastEthernet 0/1          ! 进入端口 Fa0/1
```

```
Router(config-if)#ip address 202.116.6.19 255.255.255.0     ! 配置端口 IP
Router(config-if)#ip nat outside                            ! 设为外网口
Router(config-if)#exit
Router(config)#access-list 1 permit 192.168.10.0 0.0.0.255
                                             ! 定义内部需要转换的内网
Router(config)#ip nat inside source list 1 interface FastEthernet 0/1
                                             ! 定义源地址动态转换
```

知识点拨

　　网络地址转换属接入广域网技术，是一种将私有（保留）地址转化为合法 IP 地址的转换技术，它被广泛应用于各种类型 Internet 接入方式和各种类型的网络中。NAT 主要分为静态 NAT、动态 NAT，本节课主要学习动态 NAT，动态 NAT 应用很广泛，它不仅完美地解决了 IP 地址不足的问题，而且还能够有效地避免来自网络外部的攻击，隐藏并保护网络内部的计算机。

　　装有 NAT 软件的路由器称为 NAT 路由器，它至少有一个公有的、全球通用的 IP 地址。这样，所有使用内部私有 IP 地址的主机在和外界通信时，都要在 NAT 路由器上将内部网络私有的、本地主机的 IP 地址转换成全球公有 IP 地址，才能和因特网连接。

　　借助于 NAT，私有（内部网络）地址通过路由器发送数据包时，私有地址被转换成合法的 IP 地址，一个局域网只需使用少量 IP 地址（最少一个）即可实现私有地址网络内所有计算机与 Internet 的通信需求。

拓展训练

　　根据图 5-8-2 所示的网络拓扑结构，完成以下练习：

（1）配置二层交换机，将其命名为 Switch。

（2）配置路由器，将其命名为 Router，配置端口的 IP，配置 NAT 地址转换。

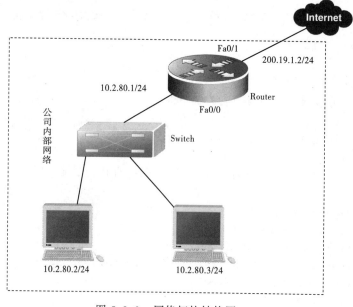

图 5-8-2　网络拓扑结构图

单 元 小 结

（1）路由器用于连接不同的网络，它能够阻止一个网络内的广播数据传递到其他网络；但当一个网络内的数据需要传递到另一个网络时，路由器能够根据路由表（数据转发的地图），把数据包从正确的端口转发出去，实现不同网络之间数据的相互传递。

（2）路由器根据路由表转发数据，路由表是如何生成的将在第六单元讲述。

（3）本单元主要介绍路由器的基本配置、基本命令以及常见的一些应用。

第六单元 企业中路由互联与互通

（路由协议）

技能目标

（1）配置使用 S 口。

（2）设置默认路由。

（3）了解静态路由协议。

（4）了解 RIP 路由协议。

（5）了解 OSPF 路由协议。

（6）了解 RIP 与 OSPF 路由协议。

（7）了解静态与 RIP 路由协议。

（8）配置 PPP PAP。

（9）配置 PPP CHAP。

素养目标

（1）事物是相互联系的，矛盾具有特殊性，学会求同存异。

（2）了解网络协议遵守工作准则。

（3）服务大局意识、服从组织原则。

（4）学会分解任务，养成合理规划任务的习惯。

路由器的工作原理是，当一个子网中的一台主机发送 IP 分组给同一个子网中的另一台主机时，它将直接把 IP 分组送到网络上，对方就能收到；当要发送给不同子网的主机时，它则需要选择一个能到达目的子网的路由器，并把 IP 分组发送给该路由器，由该路由器负责把 IP 分组送到目的地，如果没有找到这样的路由器，主机就把 IP 分组发送给一个称为默认网关（Default Gateway）的路由器上。默认网关是每台主机上的一个配置参数，它是接在同一个网络上的某个路由器端口的 IP 地址。

路由器转发 IP 分组时，只根据 IP 分组的目的 IP 地址的网络号，选择正确的端口把 IP 分组发送出去。接到 IP 分组数据包后，路由器会判断端口所接的是否是目的子网，如果是，就直接把分组通过端口送到网络上；否则，选择下一个路由器传送 IP 分组数据包。路由器也有默认路由，用来传送不知道往哪儿送的 IP 分组。这样，通过路由器把知道如何传送的 IP 分组正确地转发出去，不知道如何传送的 IP 分组转发给默认路由的路由器，通过这样一级级地传送，IP 分组数据包最终将送到目的地，送不到目的地的 IP 分组将会被网络丢弃。

目前基于 TCP/IP 协议的网络是通过路由器互联起来的，成千上万个子网通过路由器互联起来构成国际性网络。使用不同网络协议的网络由路由器互联，形成以路由器为结点的"网间网"。在"网间网"中，路由器不仅负责对 IP 分组的转发，还负责与别的路由器进行联络，以共同确定"网间网"的路由选择以及维护自身的路由表。

路由动作包括两项基本内容：寻径和转发。寻径是指由路由器判定到达目的地的最佳路径，它是根据路由器的路由选择算法来实现的，由于涉及不同的路由选择协议和路由选择算法，因此，寻径比较复杂。为了判定最佳路径，路由选择算法必须启动并维护包含路由信息的路由表，其中，路由信息根据其所用的路由选择算法而不尽相同。将路由选择算法收集到的不同信息填入路由表中，路由器可根据路由表获知目的网络与下一站的地址。路由器间互通信息进行路由更新，更新维护路由表使之正确地反映网络的拓扑变化，并由路由器根据量度决定最佳路径。这就是路由选择协议（Routing Protocol），例如路由信息协议（RIP）、开放式最短路径优先协议（OSPF）和边界网关协议（BGP）等。

转发即路由器接到转发数据包请求时寻径后由最佳路径传送 IP 分组数据包。接到要转发的数据包时，路由器会首先在路由表中查找，判明其是否知道如何将分组数据包发送到下一个站点（如路由器或主机）。如果路由器知道，就根据路由表的相应表项将分组发送到下一个站点，如果目的网络与路由器相连，路由器就把分组直接送到相应的端口上；假若路由器不知道如何发送分组，则通常将该分组丢弃，这就是路由转发协议。图 6-0-1 所示内容是一个直连路由的拓扑结构，表格显示用于数据转发的路由表。

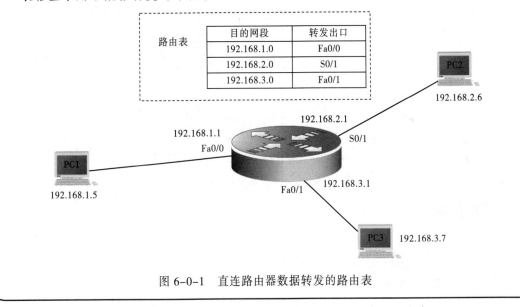

图 6-0-1　直连路由器数据转发的路由表

任务一　静态路由配置

（静态路由协议）

任务描述

假若德明公司刚成立不久，由于规模比较小，公司内部只有两台路由器和两台接入层的二层交换机。现在需要搭建一个公司内部网络，使公司所有的计算机能够相互访问。由于公司的两台路由器将内部网络分隔为了两个网段 192.168.10.0/24 和 192.168.20.0/24，现在需要使用路由协议才能使网络相互通信。由于公司规模小，如果使用动态路由协议，路由器就会发送路由更新信息，占用网络带宽，但若使用静态路由协议以手工方式指定路由器的路由信息，就会节省网络带宽，其中网络拓扑结构如图6-1-1所示，接线如表6-1-1所示。

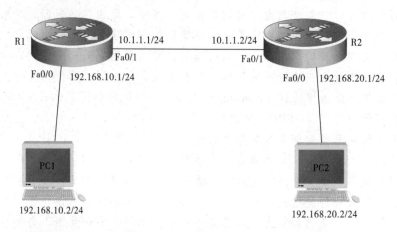

图 6-1-1 网络拓扑结构图

表 6-1-1 接 线

设 备	端口及配置地址		备 注
R1	Fa0/0	192.168.10.1/24	局域网端口，连接 PC1
	Fa0/1	10.1.1.1/24	连接路由器 R2 的 Fa0/1
R2	Fa0/0	192.168.20.1/24	局域网端口，连接 PC2
	Fa0/1	10.1.1.2/24	连接路由器 R1 的 Fa0/1
PC1	192.168.10.2/24		网关设置为：192.168.10.1/24
PC2	192.168.20.2/24		网关设置为：192.168.20.1/24

【所需设备】一台交换机、一台计算机、一条 RJ-45 控制线。

任务实现

步骤1：连接好网线、控制线。

步骤2：对路由器 R1、R2 进行基本配置。

（1）在路由器 R1 上修改名称、设置接口 IP 地址。

```
Router>
Router>enable
Router#configure
Router(config)#hostname R1
R1(config)#interface FastEthernet 0/0
R1(config-if)#ip address 192.168.10.1 255.255.255.0
R1(config-if)#no shutdown
R1(config-if)#exit
R1(config)#interface FastEthernet 0/1
R1(config-if)#ip address 10.1.1.1 255.255.255.0
R1(config-if)#no shutdown
```

（2）在路由器 R2 上修改名称、设置接口 IP 地址。

```
Router>
Router>enable
Router#configure
Router(config)#hostname R2
R2(config)#interface FastEthernet 0/1
R2(config-if)#ip address 10.1.1.2 255.255.255.0
R2(config-if)#no shutdown
R2(config-if)#
R2(config-if)#exit
R2(config)#interface FastEthernet 0/0
R2(config-if)#ip address 192.168.20.1 255.255.255.0
R2(config-if)#no shutdown
R2(config-if)#
```

步骤 3：验证在配置路由协议之前 PC1、PC2 能否 ping 通。如图 6-1-2 所示可知，在配置路由协议之前，PC1 与 PC2 不能进行通信。

（1）设置 PC1 的 IP 地址为 192.168.10.2/24。

（2）设置 PC2 的 IP 地址为 192.168.20.2/24。

（3）在 PC1 中使用 ping 命令，可见 PC1（192.168.10.1）与 PC2（192.168.20.2）不能进行通信。

（4）在 R1 上使用 show ip route 命令查看路由表信息。

```
R1#exit
R1#show ip route
Codes: C - connected, S - static, I - IGRP, R - RIP, M - mobile, B - BGP
       D - EIGRP, EX - EIGRP external, O - OSPF, IA - OSPF inter area
       N1 - OSPF NSSA external type 1, N2 - OSPF NSSA external type 2
       E1 - OSPF external type 1, E2 - OSPF external type 2, E - EGP
       i - IS-IS, L1 - IS-IS level-1, L2 - IS-IS level-2, ia - IS-IS inter area
       * - candidate default, U - per-user static route, o - ODR
       P - periodic downloaded static route

Gateway of last resort is not set

    10.0.0.0/24 is subnetted, 1 subnets
C    10.1.1.0 is directly connected, FastEthernet0/1
C    192.168.10.0/24 is directly connected, FastEthernet0/0
```

 小贴士

```
看懂路由信息
C    10.1.1.0 is directly connected, FastEthernet0/1
C                              —— 直连网络（connected）
10.1.1.0                       —— 目标网络（或子网）
is directly connected          —— 是直连的
FastEthernet0/1                —— 从本路由出站接口
```

```
PC>ipconfig
IP Address......................: 192.168.10.2
Subnet Mask.....................: 255.255.255.0
Default Gateway.................: 192.168.10.1

PC>ping 192.168.10.1
Pinging 192.168.10.1 with 32 bytes of data:
Reply from 192.168.10.1: bytes=32 time=62ms TTL=255
Reply from 192.168.10.1: bytes=32 time=31ms TTL=255
Reply from 192.168.10.1: bytes=32 time=31ms TTL=255
Reply from 192.168.10.1: bytes=32 time=31ms TTL=255

PC>ping 10.1.1.1
Pinging 10.1.1.1 with 32 bytes of data:
Reply from 10.1.1.1: bytes=32 time=31ms TTL=255
Reply from 10.1.1.1: bytes=32 time=31ms TTL=255
Reply from 10.1.1.1: bytes=32 time=31ms TTL=255
Reply from 10.1.1.1: bytes=32 time=31ms TTL=255

PC>ping 10.1.1.2
Pinging 10.1.1.2 with 32 bytes of data:
Request timed out.
Request timed out.
Request timed out.
Request timed out.

PC>ping 192.168.20.2
Pinging 192.168.20.2 with 32 bytes of data:
Reply from 192.168.10.1: Destination host unreachable.
Reply from 192.168.10.1: Destination host unreachable.
Reply from 192.168.10.1: Destination host unreachable.
Reply from 192.168.10.1: Destination host unreachable.
```

图 6-1-2　在 PC1 中 ping PC2

（5）在 R2 上使用 show ip route 命令查看路由表信息。

```
R2#show ip route
Codes: C - connected, S - static, I - IGRP, R - RIP, M - mobile, B - BGP
       D - EIGRP, EX - EIGRP external, O - OSPF, IA - OSPF inter area
       N1 - OSPF NSSA external type 1, N2 - OSPF NSSA external type 2
       E1 - OSPF external type 1, E2 - OSPF external type 2, E - EGP
       i - IS-IS, L1 - IS-IS level-1, L2 - IS-IS level-2, ia - IS-IS inter area
       * - candidate default, U - per-user static route, o - ODR
       P - periodic downloaded static route

Gateway of last resort is not set

     10.0.0.0/24 is subnetted, 1 subnets
C    10.1.1.0 is directly connected, FastEthernet0/1
C    192.168.20.0/24 is directly connected, FastEthernet0/0
```

步骤 4：在 R1、R2 上配置静态路由协议。

（1）在 R1 上配置静态路由协议。

```
R1(config)#ip route 192.168.20.0 255.255.255.0 10.1.1.2
R1(config)#exit
R1#write
Building configuration...
[OK]
R1#
```

（2）在 R2 上配置静态路由协议。

```
R2(config)#ip route 192.168.10.0 255.255.255.0 10.1.1.1
R2(config)#exit
R2#write
Building configuration...
[OK]
R2#
```

步骤 5：在配置路由协议后验证 PC1、PC2 能否 ping 通。如图 6-1-3 所示，在配置路由协议后 PC1 与 PC2 能够进行通信。

（1）在 PC1 中使用 ping 命令，可见 PC1（192.168.10.1）与 PC2（192.168.20.2）能够进行通信。

```
PC>ipconfig
IP Address.....................: 192.168.10.2
Subnet Mask....................: 255.255.255.0
Default Gateway................: 192.168.10.1

PC>ping 192.168.10.1
Pinging 192.168.10.1 with 32 bytes of data:
Reply from 192.168.10.1: bytes=32 time=31ms TTL=255
Reply from 192.168.10.1: bytes=32 time=31ms TTL=255
Reply from 192.168.10.1: bytes=32 time=31ms TTL=255
Reply from 192.168.10.1: bytes=32 time=31ms TTL=255

PC>ping 10.1.1.2
Pinging 10.1.1.2 with 32 bytes of data:
Reply from 10.1.1.2: bytes=32 time=62ms TTL=254
Reply from 10.1.1.2: bytes=32 time=63ms TTL=254
Reply from 10.1.1.2: bytes=32 time=62ms TTL=254
Reply from 10.1.1.2: bytes=32 time=62ms TTL=254

PC>ping 192.168.20.2
Pinging 192.168.20.2 with 32 bytes of data:
Reply from 192.168.20.2: bytes=32 time=93ms TTL=126
Reply from 192.168.20.2: bytes=32 time=94ms TTL=126
Reply from 192.168.20.2: bytes=32 time=94ms TTL=126
Reply from 192.168.20.2: bytes=32 time=78ms TTL=126

PC>
```

图 6-1-3   在 PC1 中 ping PC2

（2）在 R1 上使用 show ip route 命令查看路由表信息，在路由器 R1 上已有了 192.168.20.0/24

网段的路由信息。

```
R1#exit
R1#show ip route
Codes: C - connected, S - static, I - IGRP, R - RIP, M - mobile, B - BGP
       D - EIGRP, EX - EIGRP external, O - OSPF, IA - OSPF inter area
       N1 - OSPF NSSA external type 1, N2 - OSPF NSSA external type 2
       E1 - OSPF external type 1, E2 - OSPF external type 2, E - EGP
       i - IS-IS, L1 - IS-IS level-1, L2 - IS-IS level-2, ia - IS-IS inter area
       * - candidate default, U - per-user static route, o - ODR
       P - periodic downloaded static route

Gateway of last resort is not set

     10.0.0.0/24 is subnetted, 1 subnets
C    10.1.1.0 is directly connected, FastEthernet0/1
C    192.168.10.0/24 is directly connected, FastEthernet0/0
S    192.168.20.0/24 [1/0] via 10.1.1.2
```

小贴士

看懂路由信息
```
S    192.168.20.0/24 [1/0] via 10.1.1.2
S                        ——  路由信息来源——静态(static)路由
192.168.20.0/24          ——  要到达的目标网络（或子网）
[1/                      ——  管理距离（路由的可信度）
0]                       ——  度量值（路由的可到达性）
via 10.1.1.2             ——  下一跳地址（下个路由器）
```

（3）在 R2 上使用 show ip route 命令查看路由表信息，在路由器 R2 上已有了 192.168.10.0/24 网段的路由信息。

```
R2#show ip route
Codes: C - connected, S - static, I - IGRP, R - RIP, M - mobile, B - BGP
       D - EIGRP, EX - EIGRP external, O - OSPF, IA - OSPF inter area
       N1 - OSPF NSSA external type 1, N2 - OSPF NSSA external type 2
       E1 - OSPF external type 1, E2 - OSPF external type 2, E - EGP
       i - IS-IS, L1 - IS-IS level-1, L2 - IS-IS level-2, ia - IS-IS inter area
       * - candidate default, U - per-user static route, o - ODR
       P - periodic downloaded static route

Gateway of last resort is not set

     10.0.0.0/24 is subnetted, 1 subnets
C    10.1.1.0 is directly connected, FastEthernet0/1
S    192.168.10.0/24 [1/0] via 10.1.1.1
C    192.168.20.0/24 is directly connected, FastEthernet0/0
```

知识点拨

（1）静态路由协议。静态路由协议是一种特殊的路由协议，适用于比较简单而且相对固定的网络。当网络的拓扑结构发生改变的时候，使用静态路由协议的路由器的路由信息不会跟着发生改变，而是需要网管人员手动修改路由器中的静态路由信息才能保证网络通畅。静态路由协议的缺点是网络结构发生改变时,需要手工修改路由信息;优点是可节省网络带宽和提高网络安全性。

（2）静态路由协议的配置方法。在路由器上配置静态路由协议时,下一跳路由器的地址指的是与本路由器直接相连的下一跳路由器接口,如图6-1-4所示。

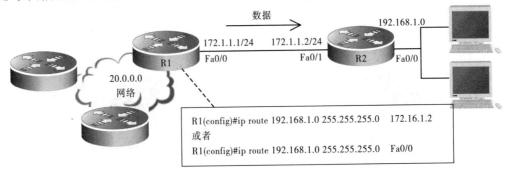

图 6-1-4 图解手工添加静态路由

 小贴士

配置静态路由信息的命令格式如下:

ip route 目的网络号 子网掩码 转发路由器的IP地址/本地接口

（3）静态路由描述转发路径的方式有两种:

① 指向本地接口:从本地某接口发出。

② 指向下一跳路由器直接相连的接口IP地址:即将数据包交给x.x.x.x。

（4）默认路由介绍。默认路由是一种特殊的静态路由,默认路由如图6-1-5所示。

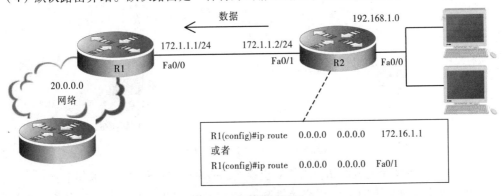

图 6-1-5 图解默认路由

（5）配置静态路由协议时,关键先找出路由器的非直连网段。

拓展训练

（1）按图6-1-6所示的网络拓扑结构对路由器进行配置,要求如下:

① 修改R1、R2、PC1、PC2的名称,并为它们配置IP地址。

② 在R1上配置静态路由。

③ 在R2上配置静态路由。

④ 调试,使整个网络互通,在PC1中 ping PC2。

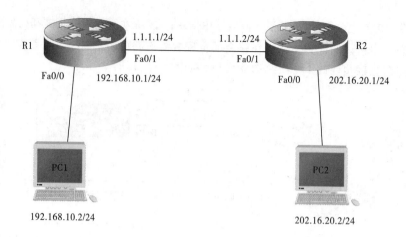

图 6-1-6　网络拓扑结构图

（2）按图 6-1-7 所示的网络拓扑结构对路由器进行配置，要求如下：

① 修改 R1、R2、PC1、PC2 的名称，并为它们配置 IP 地址。

② 在 R1 上配置静态路由。

③ 在 R2 上配置默认路由，不配置静态路由。

④ 调试，使整个网络互通，在 PC1 中 ping PC2。

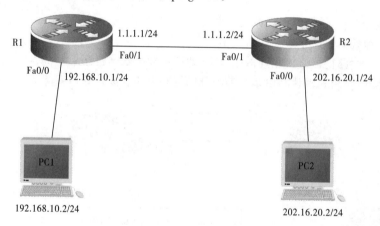

图 6-1-7　网络拓扑结构图

（3）按图 6-1-8 所示的网络拓扑结构对交换机、路由器进行配置，要求如下：

① 修改路由器 RA 与 RB、二层交换机 SwitchA 与 SwitchB、PC1～PC4 的名称，并为它们配置 IP 地址。

② 在 RA 上配置静态路由。

③ 在 RB 上配置静态路由。

④ 调试，使整个网络互通，在 PC1 中 ping PC2、PC3、PC4。

（4）按图 6-1-9 所示的网络拓扑结构对交换机进行配置，要求如下：

① 修改路由器 RouteA、RouteB 与 RouteC、二层交换机 Switch2、PC1～PC3 的名称，并为它们配置 IP 地址。

② 在 RouteA 上配置静态路由。

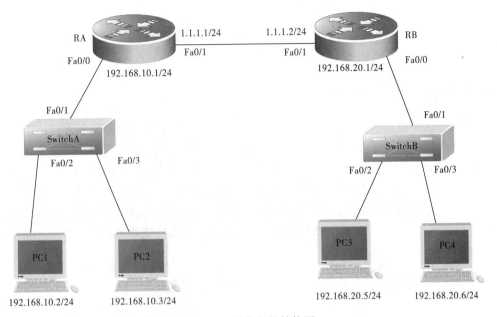

图 6-1-8　网络拓扑结构图

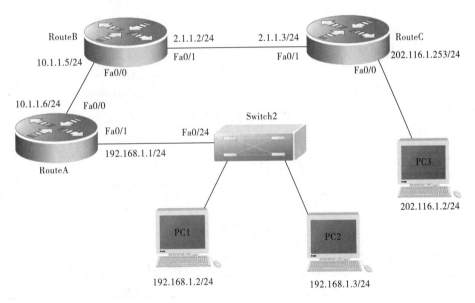

图 6-1-9　网络拓扑结构图

③ 在 RouteB 上配置静态路由。

④ 在 RouteC 上配置静态路由。

⑤ 调试，使整个网络互通，在 PC1 中 ping PC2、PC3。

⑥ 利用 write 命令保存配置。

课外作业

什么是静态路由？

任务二　动态路由 RIP 配置

（RIP 路由协议）

任务描述

　　假若德明公司有 A、B 两个厂区，网管希望把两个厂区的路由器连接起来之后，路由器能够自动学习路由信息而不需要手工添加，而且网络结构有变动后也会自动更新路由信息。由于使用静态路由协议满足不了要求，这就需要在路由器上配置动态路由协议。OSPF、EIGRP 等动态路由协议的学习和维护比较复杂，一般适合大型网络；但动态协议 RIP 的配置简单，出现故障时排错也比较简单，而且 RIP v2 修正了 RIP v1 的缺点，使用 RIP v2 路由协议能够学习子网的路由信息，其功能与 OSPF 一样，其网络拓扑结构如图 6-2-1 所示，网络接线如表 6-2-1 所示。

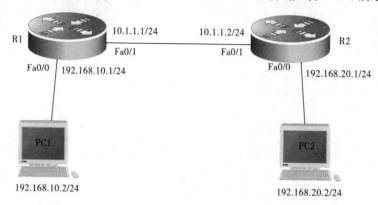

图 6-2-1　网络拓扑结构图

表 6-2-1　网　络　接　线

设　　备	端口及配置地址		备　　　注
R1	Fa0/0	192.168.10.1/24	局域网端口，连接 PC1
	Fa0/1	10.1.1.1/24	连接路由器 R2 的 Fa0/1
R2	Fa0/0	192.168.20.1/24	局域网端口，连接 PC2
	Fa0/1	10.1.1.2/24	连接路由器 R1 的 Fa0/1
PC1	192.168.10.2/24		网关设置为：192.168.10.1/24
PC2	192.168.20.2/24		网关设置为：192.168.20.1/24

　　【所需设备】一台交换机、三台计算机、一条 RJ-45 控制线、三条网线。

任务实现

　　步骤 1：连接好网线、控制线。

　　步骤 2：对路由器 R1、R2 进行基本配置。

　　（1）在路由器 R1 上修改名称、设置接口 IP 地址。

```
Router>
Router>enable
Router#configure
```

```
Configuring from terminal, memory, or network [terminal]?
Enter configuration commands, one per line. End with CNTL/Z.
Router(config)#hostname R1
R1(config)#interface FastEthernet 0/0
R1(config-if)#ip address 192.168.10.1 255.255.255.0
R1(config-if)#no shutdown
%LINK-5-CHANGED: Interface FastEthernet0/0, changed state to up
R1(config-if)#exit
R1(config)#interface FastEthernet 0/1
R1(config-if)#ip address 10.1.1.1 255.255.255.0
R1(config-if)#no shutdown
```

（2）在路由器 R2 上修改名称、设置接口 IP 地址。

```
Router>
Router>enable
Router#configure
Configuring from terminal, memory, or network [terminal]?
Enter configuration commands, one per line. End with CNTL/Z.
Router(config)#hostname R2
R2(config)#interface FastEthernet 0/1
R2(config-if)#ip address 10.1.1.2 255.255.255.0
R2(config-if)#no shutdown
%LINK-5-CHANGED: Interface FastEthernet0/1, changed state to up
R2(config-if)#
R2(config-if)#exit
R2(config)#interface FastEthernet 0/0
R2(config-if)#ip address 192.168.20.1 255.255.255.0
R2(config-if)#no shutdown

%LINK-5-CHANGED: Interface FastEthernet0/0, changed state to up
R2(config-if)#
```

步骤 3：验证在配置 RIP 路由协议之前 PC1、PC2 能否 ping 通，如图 6-2-2 所示，在配置路由协议前 PC1 与 PC2 不能进行通信。

```
PC>ipconfig
IP Address.......................: 192.168.10.2
Subnet Mask.....................: 255.255.255.0
Default Gateway.................: 192.168.10.1


PC>ping 192.168.20.2
Pinging 192.168.20.2 with 32 bytes of data:
Reply from 192.168.10.1: Destination host unreachable.
Reply from 192.168.10.1: Destination host unreachable.
Reply from 192.168.10.1: Destination host unreachable.
Reply from 192.168.10.1: Destination host unreachable.
```

图 6-2-2 在 PC1 中 ping PC2

（1）设置 PC1 的 IP 地址为 192.168.10.2/24。

（2）设置 PC2 的 IP 地址为 192.168.20.2/24。

（3）在 PC1 中使用 ping 命令，可见 PC1（192.168.10.1）与 PC2（192.168.20.2）不能进行通信。

（4）在 R1 上使用 show ip route 命令查看路由表信息。

```
R1#exit
R1#show ip route
Codes: C - connected, S - static, I - IGRP, R - RIP, M - mobile, B - BGP
       D - EIGRP, EX - EIGRP external, O - OSPF, IA - OSPF inter area
       N1 - OSPF NSSA external type 1, N2 - OSPF NSSA external type 2
       E1 - OSPF external type 1, E2 - OSPF external type 2, E - EGP
       i - IS-IS, L1 - IS-IS level-1, L2 - IS-IS level-2, ia - IS-IS inter area
       * - candidate default, U - per-user static route, o - ODR
       P - periodic downloaded static route

Gateway of last resort is not set

     10.0.0.0/24 is subnetted, 1 subnets
C    10.1.1.0 is directly connected, FastEthernet0/1
C    192.168.10.0/24 is directly connected, FastEthernet0/0
```

（5）在 R2 上使用 show ip route 命令查看路由表信息。

```
R2#show ip route
Codes: C - connected, S - static, I - IGRP, R - RIP, M - mobile, B - BGP
       D - EIGRP, EX - EIGRP external, O - OSPF, IA - OSPF inter area
       N1 - OSPF NSSA external type 1, N2 - OSPF NSSA external type 2
       E1 - OSPF external type 1, E2 - OSPF external type 2, E - EGP
       i - IS-IS, L1 - IS-IS level-1, L2 - IS-IS level-2, ia - IS-IS inter area
       * - candidate default, U - per-user static route, o - ODR
       P - periodic downloaded static route

Gateway of last resort is not set

     10.0.0.0/24 is subnetted, 1 subnets
C    10.1.1.0 is directly connected, FastEthernet0/1
C    192.168.20.0/24 is directly connected, FastEthernet0/0
```

步骤 4：在 R1、R2 上配置 RIP 路由协议。

（1）在 R1 上配置 RIP 路由协议。

```
R1(config)#router rip
R1(config-router)#version 2
R1(config-router)#network 192.168.10.0
R1(config-router)#network 10.1.1.0
R1(config-router)#no auto-summary
```

（2）在 R2 上配置 RIP 路由协议。

```
R2(config)#router rip
R2(config-router)#version 2
R2(config-router)#network 192.168.20.0
R2(config-router)#network 10.1.1.0
R2(config-router)#no auto-summary
```

步骤 5：在配置路由协议后验证 PC1、PC2 能否 ping 通，如图 6-2-3 所示，可知在配置路由协议后 PC1 与 PC2 能进行通信。

（1）在 PC1 中使用 ping 命令，可看见 PC1（192.168.10.1）与 PC2（192.168.20.2）能进行通信。

```
PC>ipconfig
IP Address.....................: 192.168.10.2
Subnet Mask...................: 255.255.255.0
Default Gateway................: 192.168.10.1


PC>ping 192.168.20.2
Pinging 192.168.20.2 with 32 bytes of data:
Reply from 192.168.20.2: bytes=32 time=93ms TTL=126
Reply from 192.168.20.2: bytes=32 time=94ms TTL=126
Reply from 192.168.20.2: bytes=32 time=94ms TTL=126
Reply from 192.168.20.2: bytes=32 time=78ms TTL=126

PC>
```

图 6-2-3　在 PC1 中 ping PC2

（2）在 R1 上使用 show ip route 命令查看路由表信息，在路由器 R1 上已有了 192.168.20.0/24 网段的路由信息，即有了到达 PC2 所要走的下一跳地址信息，这信息又称路由记录。

```
R1#show ip route
Codes: C - connected, S - static, I - IGRP, R - RIP, M - mobile, B - BGP
       D - EIGRP, EX - EIGRP external, O - OSPF, IA - OSPF inter area
       N1 - OSPF NSSA external type 1, N2 - OSPF NSSA external type 2
       E1 - OSPF external type 1, E2 - OSPF external type 2, E - EGP
       i - IS-IS, L1 - IS-IS level-1, L2 - IS-IS level-2, ia - IS-IS inter area
       * - candidate default, U - per-user static route, o - ODR
       P - periodic downloaded static route

Gateway of last resort is not set

     10.0.0.0/24 is subnetted, 1 subnets
C       10.1.1.0 is directly connected, FastEthernet0/1
C     192.168.10.0/24 is directly connected, FastEthernet0/0
R     192.168.20.0/24 [120/1] via 10.1.1.2, 00:00:26, FastEthernet0/1
```

小贴士

看懂路由信息

```
R     192.168.20.0/24 [120/1] via 10.1.1.2, 00:00:26, FastEthernet0/1
R                              ── 路由信息来源──(RIP)路由协议
192.168.20.0/24              ── 要到达的目标网络（或子网）
[120                         ── 管理距离（路由的可信度）
/1]                          ── 度量值（路由的可到达性）
via 10.1.1.2                 ── 下一跳地址（下个路由器）
00:00:26                     ── 路由的存活的时间（时分秒）
FastEthernet0/1              ── 从本路由出站接口
```

（3）在 R2 上使用 show ip route 命令查看路由表信息，在路由器 R2 上已有了 192.168.10.0/24 网段的路由信息。

```
R2#show ip route
Codes: C - connected, S - static, I - IGRP, R - RIP, M - mobile, B - BGP
       D - EIGRP, EX - EIGRP external, O - OSPF, IA - OSPF inter area
       N1 - OSPF NSSA external type 1, N2 - OSPF NSSA external type 2
       E1 - OSPF external type 1, E2 - OSPF external type 2, E - EGP
       i - IS-IS, L1 - IS-IS level-1, L2 - IS-IS level-2, ia - IS-IS inter area
       * - candidate default, U - per-user static route, o - ODR
       P - periodic downloaded static route

Gateway of last resort is not set

     10.0.0.0/24 is subnetted, 1 subnets
C       10.1.1.0 is directly connected, FastEthernet0/1
R    192.168.10.0/24 [120/1] via 10.1.1.1, 00:00:16, FastEthernet0/1
C    192.168.20.0/24 is directly connected, FastEthernet0/0
```

知识点拨

（1）动态路由概述。动态路由是指利用路由器上运行的动态路由协议，定期和其他路由器交换路由信息，而从其他路由器上学习到路由信息，自动建立起自己的路由信息。动态路由协议有以下几种：RIP（路由信息协议）、OSPF（开放式最短路径优先）、IGRP（内部网关路由协议）、IS-IS（中间系统–中间系统）、EIGRP（增强型内部网关路由协议）、BGP（边界网关协议）。

（2）RIP v2 动态路由协议。RIP（Routing Information Protocols，路由信息协议）是应用较早、使用较普遍的内部网关协议（Interior Gateway Protocol，IGP），适用于小型同类网络。

（3）RIP v2 的配置方法与配置步骤。

① 开启 RIP 路由协议进程。

`Router(config)#router rip`

② 申请本路由器参与 RIP 协议的直连网段信息。

`Router(config-router)#network 192.168.1.0`

③ 指定 RIP 协议的版本 2（默认是 version1）。

`Router(config-router)#version  2`

④ 在 RIP v2 版本中关闭自动汇总。

`Router(config-router)#no auto-summary`

（4）RIP 的配置信息。

① 验证 RIP 的配置。

`Router#show ip protocols`

② 显示路由表的信息。

`Router#show ip route`

③ 清除路由表的信息。

`Router#clear ip route`

④ 在控制台显示 RIP 的工作状态。

`Router#debug ip rip`

拓展训练

（1）使用动态路由协议 RIP，使整个网络互通，IP 地址的配置如图 6-2-4 所示。

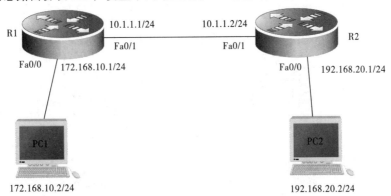

图 6-2-4　网络拓扑结构图

（2）使用动态路由协议 RIP，使整个网络互通，IP 地址的配置如图 6-2-5 所示。

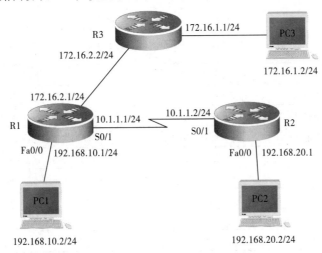

图 6-2-5　网络拓扑结构图

课外作业

请写出 RIP 路由协议配置方法与配置步骤。

任务三　OSPF 单区域路由协议

（OSPF 单区域）

任务描述

　　德明公司规模越来越大，路由器也越来越多，公司路由器连接有子网，为了实现路由器快速收敛、短时间内自动学到路由信息，可以采用配置 OSPF 路由器协议实现网络互连互通，网络拓扑结构如图 6-3-1 所示，网络接线如表 6-3-1 所示。

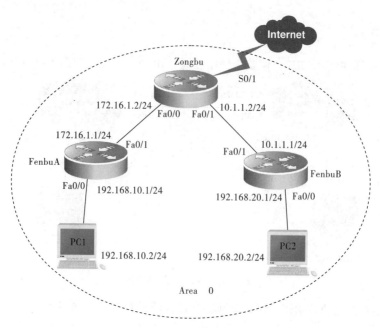

图 6-3-1　网络拓扑结构图

表 6-3-1　各设备间网络接线

设　　备	端口及配置地址		备　　　　注
路由器 FenbuA	Fa0/0	192.168.10.1/24	局域网端口，连接 PC1
	Fa0/1	172.16.1.1/24	连接路由器 Zongbu 的 Fa0/0 端口
路由器 FenbuB	Fa0/0	192.168.20.1/24	局域网端口，连接 PC2
	Fa0/1	10.1.1.1/24	连接路由器 Zongbu 的 Fa0/1 端口
路由器 Zongbu	Fa0/0	172.16.1.2/24	连接路由器 FenbuA 的 Fa0/1 端口
	Fa0/1	10.1.1.2/24	连接路由器 FenbuB 的 Fa0/1 端口
PC1	192.168.10.2/24		网关设置为：192.168.10.1/24
PC2	192.168.20.2/24		网关设置为：192.168.20.1/24

【所需设备】三台路由器、两台计算机、一条 RJ-45 控制线、四条网线。

任务实现

步骤 1：按图 6-3-1 所示的拓扑结构连接网线。

步骤 2：在路由器 Zongbu 更改名称，设置端口的 IP 地址。

```
Ruijie>enable
Ruijie#configure
Ruijie(config)#hostname Zongbu
Zongbu(config)#interface FastEthernet 0/0
Zongbu(config-if)#ip address 172.16.1.2 255.255.255.0
Zongbu(config-if)#exit
Zongbu(config)#interface FastEthernet 0/1
Zongbu(config-if)#ip address 10.1.1.2 255.255.255.0
Zongbu(config-if)#exit
```

步骤 3：在路由器 FenbuA 更改名称，设置端口的 IP 地址。

```
Ruijie>enable
Ruijie#configure
Ruijie(config)#hostname FenbuA
FenbuA(config)#inerface FastEthernet 0/0
FenbuA(config-if)#ip address 192.168.10.1 255.255.255.0
FenbuA(config-if)exit
FenbuA(config)#inerface FastEthernet 0/1
FenbuA(config-if)#ip address 172.16.1.1 255.255.255.0
FenbuA(config-if)exit
```

步骤 4：在路由器 FenbuB 更改名称，设置端口的 IP 地址。

```
Ruijie>enable
Ruijie#configure
Ruijie(config)#hostname FenbuB
FenbuB(config)#interface FastEthernet 0/0
FenbuB(config-if)#ip address 192.168.20.1 255.255.255.0
FenbuB(config-if)#exit
FenbuB(config)#interface FastEthernet 0/1
FenbuB(config-if)#ip address 10.1.1.1 255.255.255.0
FenbuB(config-if)#exit
```

步骤 5：分别在路由器 Zongbu、FenbuA、FenbuB 中设置 OSPF 协议，使网络互通。

（1）在 Zongbu 中设置 OSPF 协议。

```
Zongbu(config)#router ospf 1
Zongbu(config-router)#network 172.16.1.0 255.255.255.0 area 0
Zongbu(config-router)#network 10.1.1.0 255.255.255.0 area 0
Zongbu(config-router)#exit
Zongbu(config)#exit
Zongbu#show ip route
Router#show ip route
Codes: C - connected, S - static, I - IGRP, R - RIP, M - mobile, B - BGP
       D - EIGRP, EX - EIGRP external, O - OSPF, IA - OSPF inter area
       N1 - OSPF NSSA external type 1, N2 - OSPF NSSA external type 2
       E1 - OSPF external type 1, E2 - OSPF external type 2, E - EGP
       i - IS-IS, L1 - IS-IS level-1, L2 - IS-IS level-2, ia - IS-IS inter area
       * - candidate default, U - per-user static route, o - ODR
       P - periodic downloaded static route
Gateway of last resort is not set
     10.0.0.0/24 is subnetted, 1 subnets
C       10.1.1.0 is directly connected, FastEthernet 0/1
     172.16.0.0/24 is subnetted, 1 subnets
C       172.16.1.0 is directly connected, FastEthernet 0/0
Zongbu#
```

（2）在 FenbuA 中设置 OSPF 协议。

```
FenbuA(config)#router ospf 1
FenbuA(config-router)#network 192.168.10.0 255.255.255.0 area 0
FenbuA(config-router)#network 172.16.1.0 255.255.255.0 area 0
FenbuA(config-router)#exit
FenbuA(config)#exit
FenbuA#show ip route
Codes: C - connected, S - static, I - IGRP, R - RIP, M - mobile, B - BGP
       D - EIGRP, EX - EIGRP external, O - OSPF, IA - OSPF inter area
       N1 - OSPF NSSA external type 1, N2 - OSPF NSSA external type 2
       E1 - OSPF external type 1, E2 - OSPF external type 2, E - EGP
```

```
        i - IS-IS, L1 - IS-IS level-1, L2 - IS-IS level-2, ia - IS-IS inter area
        * - candidate default, U - per-user static route, o - ODR
        P - periodic downloaded static route
Gateway of last resort is not set
    10.0.0.0/24 is subnetted, 1 subnets
O       10.1.1.0 [110/2] via 172.16.1.2, 00:00:00, FastEthernet 0/1
    172.16.0.0/24 is subnetted, 1 subnets
C       172.16.1.0 is directly connected, FastEthernet 0/1
C    192.168.10.0/24 is directly connected, FastEthernet 0/0
FenbuA#
```

（3）在 FenbuB 中设置 OSPF 协议。

```
FenbuB(config)#router ospf 1
FenbuB(config-router)#network 192.168.20.0 255.255.255.0 area 0
FenbuB(config-router)#network 10.1.1.0 255.255.255.0 area 0
FenbuB(config-router)#exit
FenbuB(config)#exit
FenbuB#show ip route
Codes: C - connected, S - static, I - IGRP, R - RIP, M - mobile, B - BGP
        D - EIGRP, EX - EIGRP external, O - OSPF, IA - OSPF inter area
        N1 - OSPF NSSA external type 1, N2 - OSPF NSSA external type 2
        E1 - OSPF external type 1, E2 - OSPF external type 2, E - EGP
        i - IS-IS, L1 - IS-IS level-1, L2 - IS-IS level-2, ia - IS-IS inter area
        * - candidate default, U - per-user static route, o - ODR
        P - periodic downloaded static route
Gateway of last resort is not set
    10.0.0.0/24 is subnetted, 1 subnets
C       10.1.1.0 is directly connected, FastEthernet 0/1
    172.16.0.0/24 is subnetted, 1 subnets
O       172.16.1.0 [110/2] via 10.1.1.2, 00:00:03, FastEthernet 0/1
O    192.168.10.0/24 [110/3] via 10.1.1.2, 00:00:03, FastEthernet 0/1
C    192.168.20.0/24 is directly connected, FastEthernet0/0
FenbuB#
```

步骤 6：测试实验，在 PC1 上 ping PC2，如图 6-3-2 所示。

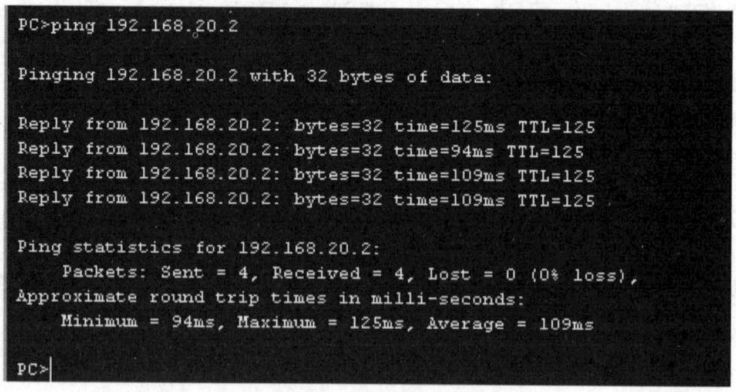

```
PC>ping 192.168.20.2

Pinging 192.168.20.2 with 32 bytes of data:

Reply from 192.168.20.2: bytes=32 time=125ms TTL=125
Reply from 192.168.20.2: bytes=32 time=94ms TTL=125
Reply from 192.168.20.2: bytes=32 time=109ms TTL=125
Reply from 192.168.20.2: bytes=32 time=109ms TTL=125

Ping statistics for 192.168.20.2:
    Packets: Sent = 4, Received = 4, Lost = 0 (0% loss),
Approximate round trip times in milli-seconds:
    Minimum = 94ms, Maximum = 125ms, Average = 109ms

PC>
```

图 6-3-2　PC1 ping PC2

知识点拨

（1）OSPF 认识。OSPF（Open Shortest Path First，开放式最短路径优先）协议是由 IETF 开发的路由选择协议，IETF 为了满足建造越来越大基于 IP 网络的需要，形成了一个工作组，专门用于开发开放式的链路状态路由协议，以便用在大型异构的 IP 网络中。新的路由协议以已经取得一些成功的、一系列私人的和生产商相关的、最短路径优先（SPF）路由协议为基础，在市场上广泛使用。

（2）OSPF应用。OSPF路由协议是开放标准的链路状态路由协议，路由变化收敛速度快（即收敛时间短）、适用范围广，一般应用于大规模网络或者网络结构常变动的环境中。

（3）关于Router ID。

① 它是一个32 bit的无符号整数，是一台路由器的唯一标识，在整个自治系统内唯一。

② 路由器首先选取它所有的Loopback接口上数值最高的IP地址。

③ 如果路由器没有配置IP地址的Loopback接口，那么路由器将选取它所有的物理接口上数值最高的IP地址。

④ 用作路由器ID的接口不一定非要运行OSPF协议。

（4）区域理解。在OSPF路由协议中都会用一个主干区域（Area 0），而其他为子区域，子区域一定要与主干区域直接相连才能互通，否则不通。

（5）OSPF配置主要指令。route ospf 进程号，进程号的数值范围1～65 535；然后发布网络，即network 直连网络号 通配符掩码 area 区域号。OSPF配置如下：

① 创建Loopback接口，定义Router ID。

```
routerA(config)#interface loopback 10
routerA(config)#ip address 192.168.100.1 255.255.255.0
```

② 开启OSPF进程。

```
routerA(config)#router ospf 10
```

 小贴士

10代表进程编号，只具有本地意义。

③ 申请直连网段。

```
routerA(config-router)#network 10.1.1.0 0.0.0.255 area 0
```

 小贴士

注意此处的反掩码和区域号。

（6）查看OSPF配置信息。

① 验证OSPF的配置。

```
Router#show ip ospf
```

② 显示路由表的信息。

```
Router#show ip route
```

③ 清除路由表的信息。

```
Router#clear ip route
```

④ 在控制台显示OSPF的工作状态。

```
Router#debug ip ospf
```

（7）RIP与OSPF的区别。OSPF与RIP最大的区别就是OSPF是链路状态，RIP是距离矢量路由选择协议。OSPF是根据SPF（最短路径优先）最短路径生成树确定最短路径的，RIP是根据路由器来确定哪些网络可以到达，换句话说就是，OSPF中的每台路由器拥有区域内的每台路由器的地址，而RIP只有相连路由器的地址，因此RIP又称传言路由协议；OSPF是根据自己的SPF算法来确定路由表，RIP根据跳数（最多15跳）来确定路由表；OSPF有3个表：拓扑表、邻居表、路由表；RIP只有路由表。

（1）使用动态路由协议 OSPF 使整个网络互通（见图 6-3-3）。

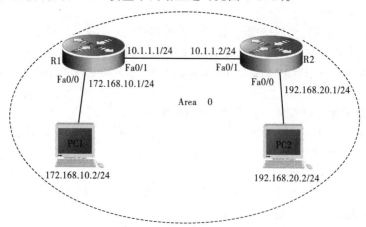

图 6-3-3　网络拓扑结构图

（2）在路由器 RouteA、RouteB、RouteC 在配置 OSPF 路由协议，设置电脑 PC1～PC3 的 IP 和网关地址，调试网络设备，使得整个网络能相互通信，如图 6-3-4 所示。

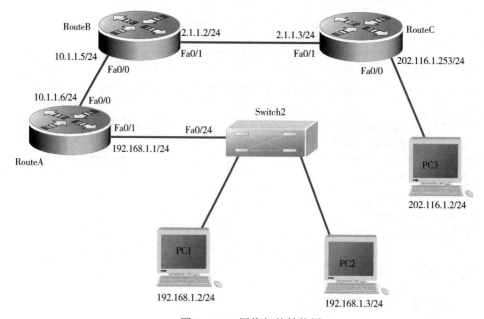

图 6-3-4　网络拓扑结构图

什么是 OSPF？

任务四 OSPF 多区域路由协议

（多区域 OSPF）

任务描述

德明公司的总部设在北京，上海分公司网络通过路由器 R1 接入总部网络，广东分公司网络通过路由器 R4 接入总部网络。由于公司网络较大，为了提高路由收敛速度，网络管理员计划采用链路状态路由协议 OSPF 实现路由选择，并对路由信息分区域(分组)收敛、汇总，其网络拓扑结构如图 6-4-1 所示。

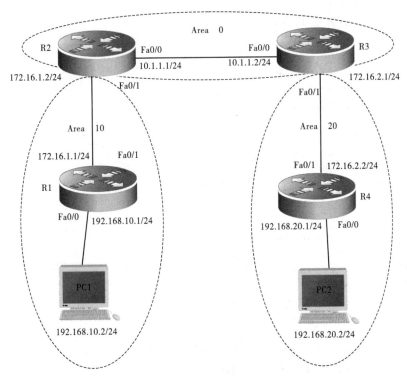

图 6-4-1 网络拓扑结构图

【所需设备】四台路由器、两台计算机、一条 RJ-45 控制线。

任务实现

步骤 1：按照图 6-4-1 所示的网络拓扑结构连接好网线。

步骤 2：配置路由器 R1，修改其名称，并设置其端口地址。

```
Ruijie>enable
Ruijie#configure
Ruijie(config)#hostname R1
R1(config)#interface FastEthernet 0/0
R1(config-if)#ip address 192.168.10.1 255.255.255.0
R1(config-if)#exit
R1(config)#interface FastEthernet 0/1
```

```
R1(config-if)#ip address 172.16.1.1 255.255.255.0
R1(config-if)#exit
```

步骤 3：配置路由器 R2，修改其名称，并设置其端口地址。

```
Ruijie>enable
Ruijie#configure
Ruijie(config)#hostname R2
R2(config)#interface FastEthernet 0/0
R2(config-if)#ip address 10.1.1.1 255.255.255.0
R2(config-if)#exit
R2(config)#interface FastEthernet 0/1
R2(config-if)#ip address 172.16.1.2 255.255.255.0
R2(config-if)#exit
```

步骤 4：配置路由器 R3，修改其名称，并设置其端口地址。

```
Ruijie>enable
Ruijie#configure
Ruijie(config)#hostname R3
R3(config)#interface FastEthernet 0/0
R3(config-if)#ip address 10.1.1.2 255.255.255.0
R3(config-if)#exit
R3(config)#interface FastEthernet 0/1
R3(config-if)#ip address 172.16.2.1 255.255.255.0
R3(config-if)#exit
```

步骤 5：配置路由器 R4，修改其名称，并设置其端口地址。

```
Ruijie>enable
Ruijie#configure
Ruijie(config)#hostname R4
R4(config)#interface FastEthernet 0/0
R4(config-if)#ip address 192.168.20.1 255.255.255.0
R4(config-if)#exit
R4(config)#interface FastEthernet 0/1
R4(config-if)#ip address 172.16.2.2 255.255.255.0
R4(config-if)#exit
```

步骤 6：分别在路由器 R1、R2、R3、R4 上配置 OSPF。

（1）在 R1 配置 OSPF 路由协议，宣告本路由有那些网段。

```
R1(config)#router ospf 1
R1(config-router)#network 192.168.10.0 255.255.255.0 area 10
R1(config-router)#network 172.16.1.0 255.255.255.0 area 10
```

（2）在 R2 配置 OSPF 路由协议，宣告本路由有那些网段。

```
R2(config)#router ospf 1
R2(config-router)#network 172.16.1.0 255.255.255.0 area 10
R2(config-router)#network 10.1.1.0 255.255.255.0 area 0
```

（3）在 R3 配置 OSPF 路由协议，宣告本路由有那些网段。

```
R3(config)#router ospf 1
R3(config-router)#network 10.1.1.0 255.255.255.0 area 0
R3(config-router)#network 172.16.2.0 255.255.255.0 area 20
```

（4）在 R4 配置 OSPF 路由协议，宣告本路由有那些网段。

```
R4(config)#router ospf 1
R4(config-router)#network 172.16.2.0 255.255.255.0 area 20
R4(config-router)#network 192.168.20.0 255.255.255.0 area 20
```

步骤 7：测试实验是否成功，如图 6-4-2 所示。

知识点拨

```
PC>ping 192.168.20.2

Pinging 192.168.20.2 with 32 bytes of data:

Reply from 192.168.20.2: bytes=32 time=156ms TTL=124
Reply from 192.168.20.2: bytes=32 time=125ms TTL=124
Reply from 192.168.20.2: bytes=32 time=157ms TTL=124
Reply from 192.168.20.2: bytes=32 time=156ms TTL=124

Ping statistics for 192.168.20.2:
    Packets: Sent = 4, Received = 4, Lost = 0 (0% loss),
Approximate round trip times in milli-seconds:
    Minimum = 125ms, Maximum = 157ms, Average = 148ms

PC>
```

图 6-4-2　测试实验结果

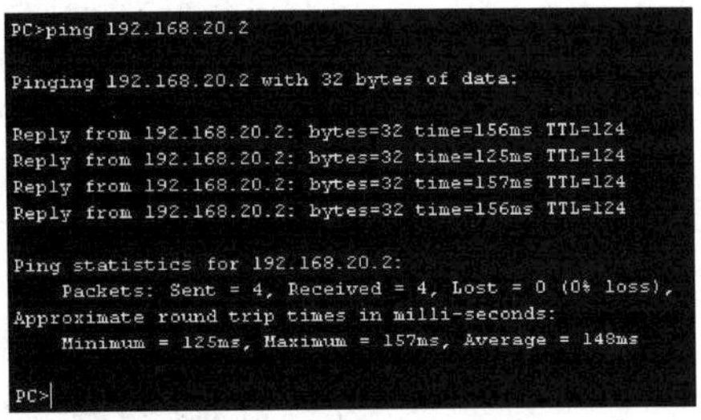

（1）此任务是一个关于 OSPF 多区域配置的问题，在 OSPF 多区域中，必须要有一个骨干区域（Area 0）。骨干区域是其他区域的核心，骨干区域接受所有其他非骨干区域的路由信息，并 负责把路由信息传递到另外的非骨干区域，是非骨干区域的转接区域。

（2）一条网线两端连接的网络接口的区域号是相同的。

（3）网络不通时排查方法。

① 检查路由器接口的 IP 地址、电脑的 IP 地址、网关地址是否有问题。

② 检查路由器的协议配置有没有问题。

③ 检查设备之间接线有没有问题，有没有错端口。

（4）在正确地做完配置，但网络不能通信时。如果通过 show run 查看路由器的配置，检查了路由器接口的 IP 地址、路由协议的配置都没有问题，但网络不能通信，可以尝试先保存设备配置，接着重启路由器；重启完成后，然后再通过命令 show ip route 查看路由表，看看能否学习到路由信息。

拓展训练

（1）按图 6-4-3 所示的网络拓扑结构配置 IP 地址与 OSPF，使整个网络互通。

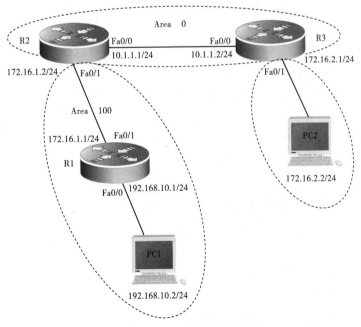

图 6-4-3　网络拓扑结构图

（2）按图 6-4-4 所示的网络拓扑结构配置 IP 地址与 OSPF，使整个网络互通。

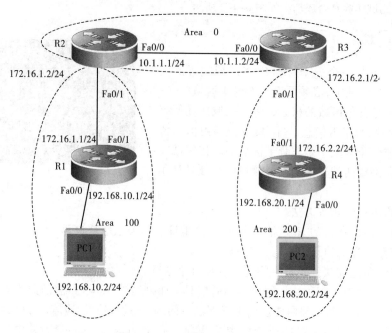

图 6-4-4　网络拓扑结构图

任务五　RIP 与 OSPF 路由协议的混合使用

（RIP 与 OSPF 及路由重分发）

任务描述

德明公司使用 OSPF 路由协议，但公司最近收购了一家小公司，这家小公司之前使用 RIP v2 路由协议，现在需要把两个公司连在一起进行网络通信，由于两个公司之前采用了不同的路由协议，因此，网络管理员需要采用 RIP、OSPF 和路由重分发的技术来解决此问题，其网络拓扑结构如图 6-5-1 所示。

【所需设备】四台路由器、两台计算机、一条 RJ-45 控制线。

任务实现

步骤 1：配置 R1 路由器，修改其名称，并配置其端口地址。

```
Ruijie>enable
Ruijie#configure
Ruijie(config)#hostname R1
R1(config)#interface FastEthernet 0/0
R1(config-if)#ip address 192.168.10.1 255.255.255.0
R1(config-if)#exit
R1(config)#interface FastEthernet 0/1
R1(config-if)#ip address 172.16.1.1 255.255.255.0
R1(config-if)#exit
```

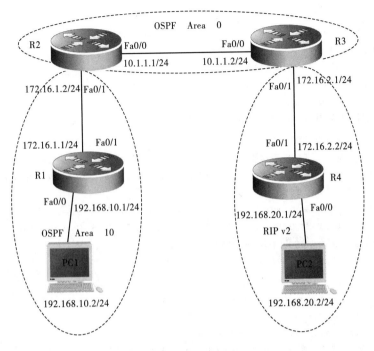

图 6-5-1　网络拓扑结构图

步骤 2：配置 R2 路由器，修改其名称，并配置其端口地址。

```
Ruijie>enable
Ruijie#configure
Ruijie(config)#hostname R2
R2(config)#interface FastEthernet 0/0
R2(config-if)#ip address 10.1.1.1 255.255.255.0
R2(config-if)#exit
R2(config)#interface FastEthernet 0/1
R2(config-if)#ip address 172.16.1.2 255.255.255.0
R2(config-if)#exit
```

步骤 3：配置 R3 路由器，修改其名称，并配置其端口地址。

```
Ruijie>enable
Ruijie#configure
Ruijie(config)#hostname R3
R3(config)#interface FastEthernet 0/0
R3(config-if)#ip address 10.1.1.2 255.255.255.0
R3(config-if)#exit
R3(config)#interface FastEthernet 0/1
R3(config-if)#ip address 172.16.2.1 255.255.255.0
R3(config-if)#exit
```

步骤 4：配置 R4 路由器，修改其名称，并配置其端口地址。

```
Ruijie>enable
Ruijie#configure
Ruijie(config)#hostname R4
```

```
R4(config)#interface FastEthernet 0/0
R4(config-if)#ip address 192.168.20.1 255.255.255.0
R4(config-if)#exit
R4(config)#interface FastEthernet 0/1
R4(config-if)#ip address 172.16.2.2 255.255.255.0
R4(config-if)#exit
```

步骤5：在路由器 R1、R2 配置 OSPF 路由协议。

```
R1(config)#router ospf 1
R1(config-router)#network 172.16.1.0 255.255.255.0 area 10
R1(config-router)#network 192.168.10.0 255.255.255.0 area 10
R2(config)#router ospf 1
R2(config-router)#network 10.1.1.0 255.255.255.0 area 0
R2(config-router)#network 172.16.1.0 255.255.255.0 area 10
```

步骤6：在路由器 R4 配置 RIP 路由协议。

```
R4(config)#router rip
R4(config-router)#network 172.16.2.0
R4(config-router)#network 192.168.20.0
R4(config-router)#version 2
R4(config-router)#no auto-summary
```

步骤7：在路由器 R3 配置 OSPF 和 RIP，并在 R3 中配置路由重发布。

（1）在 R2 配置 OSPF 路由协议，在 OSPF 路由协议中重新发布 RIP 的路由信息。

```
R3(config)#router ospf 1
R3(config-router)#network 10.1.1.0 255.255.255.0 area 0
```
！宣告 OSPF 协议的接口直连网段
```
R3(config-router)# redistribute rip metric 100 metric-type 1 subnets
```
！向 OSPF 协议重新发布 RIP 网段的路由信息，度量值为 100,则 OSPF 将学习到 RIP 路由
```
R3(config-router)#exit
```

（2）在 R3 配置 RIP 路由协议，在 RIP 路由协议中重新发布 OSPF 的路由信息。

```
R3(config)#router rip
R3(config-router)#version 2
R3(config-router)#network 172.16.2.0！宣告 RIP 协议的接口直连网段
R3 (config-router)#no auto-summary
R3(config-router)#redistribute ospf 1 metric 1
```
！向 RIP 协议里重新发布 OSPF 网段路由信息，度量值为 1,则 RIP 将学习到 OSPF 路由

步骤8：测试实验是否成功，验证结果如图 6-5-2 所示。

```
PC>ping 192.168.20.2

Pinging 192.168.20.2 with 32 bytes of data:

Reply from 192.168.20.2: bytes=32 time=156ms TTL=124
Reply from 192.168.20.2: bytes=32 time=125ms TTL=124
Reply from 192.168.20.2: bytes=32 time=157ms TTL=124
Reply from 192.168.20.2: bytes=32 time=156ms TTL=124

Ping statistics for 192.168.20.2:
    Packets: Sent = 4, Received = 4, Lost = 0 (0% loss),
Approximate round trip times in milli-seconds:
    Minimum = 125ms, Maximum = 157ms, Average = 148ms

PC>
```

图 6-5-2 验证结果

知识点拨

在实际网络搭建应用过程中，可能在一个网内使用到多种路由协议，为了实现多种路由协议的协同工作，路由器可以使用路由重分发（Route Redistribution）将其学习到的一种路由协议的路由通过重分发，将它的路由信息广播到另一种路由协议中，这样另一种路由协议就引进了它的路由协议。比如在 OSPF 路由协议中重分发 RIP 路由信息，将会把 RIP 学习到的路由信息发布到 OSPF 路由信息里面，也就是说声明了 OSPF 路由协议的网络将会学习到 RIP 的路由信息；同理在 RIP 路由协议中重分发 OSPF 路由信息，将会把 OSPF 学习到的路由信息发布到 RIP 路由信息里面，也就是说声明了 RIP 路由协议的网络将会学习到 OSPF 的路由信息。

路由重分发，即将一种路由协议中的路由条目转换为另一种路由协议的路由条目，达到多路由环境下的网络互通。redistribute 命令可以用来实现路由重分发，它既可以重分发所有路由，又可以根据匹配的条件，选择某些路由进行重分发，此外，该命令还支持某些参数的设置，如设置 metric。完整的 redistribute 命令格式如下：

```
redistribute protocol [process-id] [metric metric-value] [route-map map-tag]
[subnets]
```

拓展训练

（1）按图 6-5-3 所示的网络拓扑结构配置 IP 地址与路由协议，使整个网络互通。

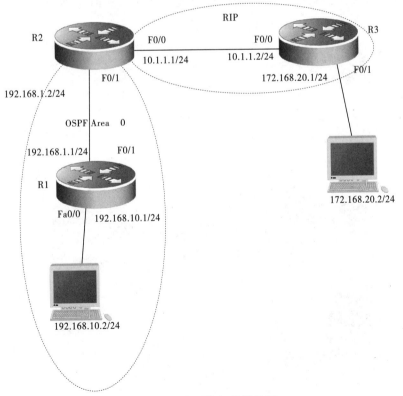

图 6-5-3　网络拓扑结构图

（2）按图 6-5-4 所示的网络拓扑结构图配置 IP 地址与路由协议，使整个网络互通。

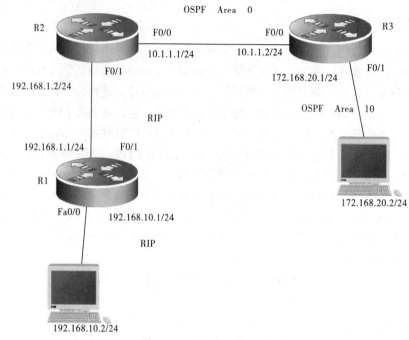

图 6-5-4 网络拓扑结构图

（3）按图 6-5-5 所示的网络拓扑结构配置 IP 地址与 OSPF、RIP，使整个网络互通。

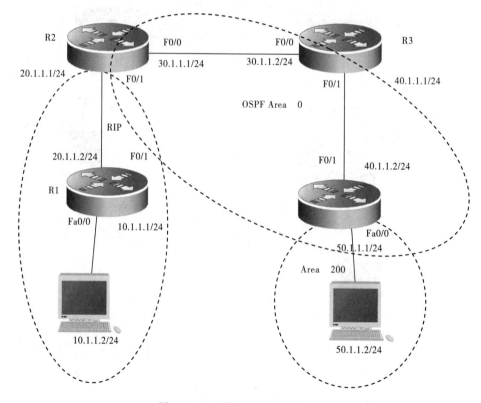

图 6-5-5 网络拓扑结构图

任务六 RIP 与静态路由混合使用

（RIP 与静态路由及路由重分发）

任务描述

德明公司路由协议使用 RIP v2，但公司最近收购了一个家小公司，这家小公司之前是使用静态路由协议，现在需要把公司连在一起进行网络通信，由于之前公司采用了不同的路由协议，现在网络管理员需要采用 RIP 路由和静态路由重分发的技术来解决此问题，公司网络拓扑结构如图 6-6-1 所示。

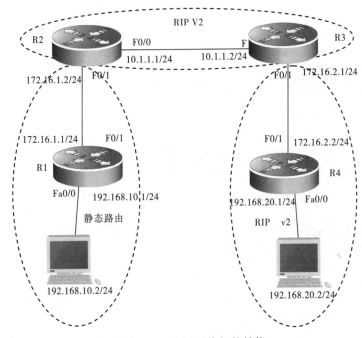

图 6-6-1 公司网络拓扑结构

【所需设备】四台路由器、两台计算机、一条 RJ45 控制线。

【任务实现】

步骤 1：配置 R1 路由器，修改名称、配置端口地址。

```
Ruijie>enable
Ruijie#configure
Ruijie(config)#hostname R1
R1(config)#interface fastethernet 0/0
R1(config-if)#ip address 192.168.10.1 255.255.255.0
R1(config-if)#exit
R1(config)#interface fastethernet 0/1
R1(config-if)#ip address 172.16.1.1 255.255.255.0
R1(config-if)#exit
```

步骤 2：配置 R2 路由器，修改名称、配置端口地址。

```
Ruijie>enable
Ruijie#configure
```

```
Ruijie(config)#hostname R2
R2(config)#interface fastethernet 0/0
R2(config-if)#ip address 10.1.1.1 255.255.255.0
R2(config-if)#exit
R2(config)#interface fastethernet 0/1
R2(config-if)#ip address 172.16.1.2 255.255.255.0
R2(config-if)#exit
```

步骤 3：配置 R3 路由器，修改名称、配置端口地址。

```
Ruijie>enable
Ruijie#configure
Ruijie(config)#hostname R3
R3(config)#interface fastethernet 0/0
R3(config-if)#ip address 10.1.1.2 255.255.255.0
R3(config-if)#exit
R3(config)#interface fastethernet 0/1
R3(config-if)#ip address 172.16.2.1 255.255.255.0
R3(config-if)#exit
```

步骤 4：配置 R4 路由器，修改名称、配置端口地址。

```
Ruijie>enable
Ruijie#configure
Ruijie(config)#hostname R4
R4(config)#interface fastethernet 0/0
R4(config-if)#ip address 192.168.20.1 255.255.255.0
R4(config-if)#exit
R4(config)#interface fastethernet 0/1
R4(config-if)#ip address 172.16.2.1 255.255.255.0
R4(config-if)#exit
```

步骤 5：在 R3、R4 配置动态路由 RIP 协议。

```
R3(config)#router  rip
R3(config-router)#version 2
R3(config-router)# network 10.1.1.0
R3(config-router)# network 172.16.2.0
R3(config-router)# no auto-summary
R4(config)#router  rip
R3(config-router)# version 2
R4(config-router)# network 172.16.2.0
R4(config-router)# network 192.168.20.0
 R4(config-router)# no auto-summary
```

步骤 6：在路由器 R1 配置静态路由。

```
R1(config)# ip route 192.168.20.0 255.255.255.0  172.16.1.2
！手工添加 R1 到非直连网段路由
R1(config)# ip route 172.16.2.0 255.255.255.0  172.16.1.2
！手工添加 R1 到非直连网段路由
R1(config)# ip route 10.1.1.0 255.255.255.0  172.16.1.2
！手工添加 R1 到非直连网段路由
```

步骤 7：在 R2 上配置达到 192.168.10.0 网段静态路由，以及配置动态路由 RIP 协议，并在 R2 中配置路由重发布。

```
R2(config)# ip route 192.168.10.0 255.255.255.0  172.16.1.1
！手工添加到非直连网段路由
R2(config)# router  rip
```

```
R2(config-router)# version 2
R2(config-router)# network 10.1.1.0              ! 宣告 RIP 接口的直连网段
R2(config-router)# redistribute static           ! 把静态重分发到 RIP 中
! 向 RIP 协议重新发布静态路由信息网段的路由信息，则 RIP 将学习到静态路由
R2(config-router)# redistribute connected         ! 重分发直连路由
R2(config-router)# no auto-summary
```

步骤 8：测试实验是否成功，验证结果如图 6-6-2 所示。

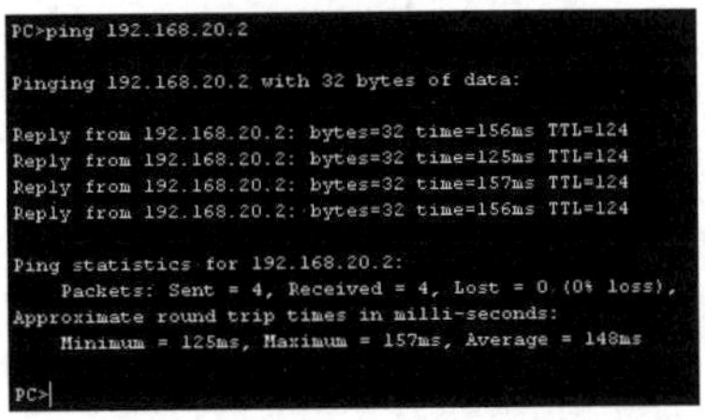

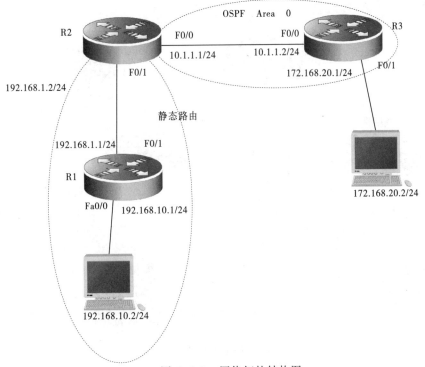

```
PC>ping 192.168.20.2

Pinging 192.168.20.2 with 32 bytes of data:

Reply from 192.168.20.2: bytes=32 time=156ms TTL=124
Reply from 192.168.20.2: bytes=32 time=125ms TTL=124
Reply from 192.168.20.2: bytes=32 time=157ms TTL=124
Reply from 192.168.20.2: bytes=32 time=156ms TTL=124

Ping statistics for 192.168.20.2:
    Packets: Sent = 4, Received = 4, Lost = 0 (0% loss),
Approximate round trip times in milli-seconds:
    Minimum = 125ms, Maximum = 157ms, Average = 148ms

PC>
```

图 6-6-2 验证结果

知识点拨

将静态路由协议信息引入到 RIP 中，在 RIP 路由协议中输入 redistribute static 命令即可。而声明静态路由协议的网络若要学习到声明 RIP 路由协议网段的路由信息，则在静态路协议网段加上，添加数据包从静态路由网络到达 RIP 网络各个网段怎么走的静态路由信息。

拓展训练

1. 按图 6-6-3 所示配置 IP 地址与路由协议使得整个网络互通。

图 6-6-3 网络拓扑结构图

2. 按图 6-6-4 所示配置 IP 地址与路由协议使得整个网络互通。

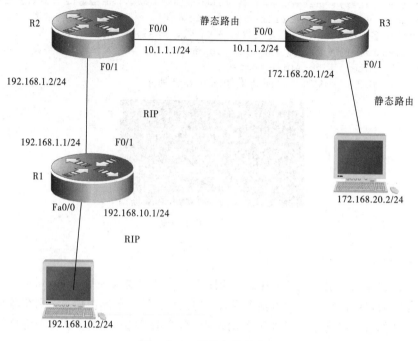

图 6-6-4　网络拓扑结构图

3. 按图 6-6-5 所示配置 IP 地址与路由协议使得整个网络互通。

（1）R1 与 R2 配置 RIP，R3 配置静态路由。

（2）R2 配置重分发。

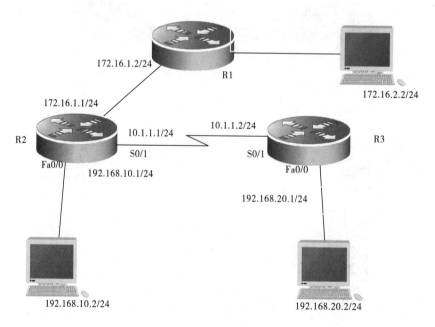

图 6-6-5　网络拓扑结构图

任务七 三层交换机的路由配置

（三层交换机配置 OSPF）

任务描述

假若德明公司总部有一台三层交换机 S3760，它作为公司的核心交换机，管理接入层交换机，并且使得接入层交换机能够相互通信。三层交换机 S3760 通过路由器与分厂区的网络互联，现需要在两个路由器和三层交换机上配置路由协议，使得网络互联互通，其网络拓扑结构如图 6-7-1 所示。

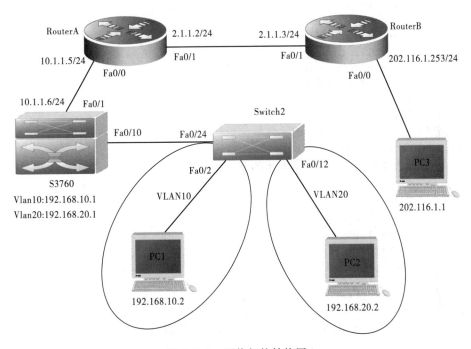

图 6-7-1　网络拓扑结构图

【所需设备】一台二层交换机、一台三层交换机、两台路由器、三台计算机。

任务实现

步骤 1：根据拓扑图连接网线。

步骤 2：配置二层交换机 Switch2，修改其名称、创建 VLAN 并划分端口。

```
Ruijie>enable
Ruijie#configure
Ruijie(config)#hostname Switch2
Switch2(config)#vlan 10
Switch2(config-vlan)#vlan 20
Switch2(config-vlan)#exit
Switch2(config)#interface range FastEthernet 0/1-10
Swtich2(config-range-if)#switchport access vlan 10
Swtich2(config-range-if)#exit
```

```
Switch2(config)#interface range FastEthernet 0/11-20
Swtich2(config-range-if)#switchport access vlan20
Swtich2(config-range-if)#exit
Switch2(config)#interface FastEthernet 0/24
Switch2(config-if)#switchport mode trunk
```

步骤 3：配置三层交换机 S3760，修改其名称、创建 VLAN、设置 VLAN 和端口的 IP。

```
Ruijie>enable
Ruijie#configure
Ruijie(config)#hostname S3760
S3760(config)#vlan 10
S3760(config-vlan)#vlan 20
S3760(config-vlan)#exit
S3760(config)#interface vlan 10
S3760(config-if)#ip address 192.168.10.1 255.255.255.0
S3760(config-if)#exit
S3760(config)#interface vlan 20
S3760(config-if)#ip address 192.168.20.1 255.255.255.0
S3760(config-if)#exit
S3760(config)#interface FastEthernet 0/1
S3760(config)#no switchport
S3760(config)#ip address 10.1.1.6 255.255.255.
```

步骤 4：配置路由器 RouterA，修改其名称、设置其端口的 IP。

```
Ruijie>enable
Ruijie#configure
Ruijie(config)#hostname RouterA
RouterA(config)#interface FastEthernet 0/0
RouterA(config-if)#ip address 10.1.1.5 255.255.255.0
RouterA(config-if)#exit
RouterA(config)#interface FastEthernet 0/1
RouterA(config-if)#ip address 2.1.1.2 255.255.255.0
RouterA(config-if)#exit
```

步骤 5：配置路由器 RouterB，修改其名称，设置其端口的 IP。

```
Ruijie>enable
Ruijie#configure
Ruijie(config)#hostname RouterB
RouterB(config)#interface FastEthernet 0/0
RouterB(config-if)#ip address 202.116.1.253 255.255.255.0
RouterB(config-if)#exit
RouterB(config)#interface FastEthernet 0/1
RouterB(config-if)#ip address 2.1.1.3 255.255.255.0
RouterB(config-if)#exit
```

步骤 6：在三层交换机 S3760、路由器 RouterA、RouterB 上配置 OSPF 协议，使网络互通。

（1）在三层交换机 S3760 配置 OSPF 路由协议，宣告本三层有那些网段。

```
S3760(config)#router ospf 1
S3760(config-router)#network 192.168.10.0 255.255.255.0 area 0
S3760(config-router)#network 192.168.20.0 255.255.255.0 area 0
S3760(config-router)#network 10.1.1.0 255.255.255.0 area 0
```

（2）在路由器 RouterA 配置 OSPF 路由协议，宣告本路由有那些网段。

```
RouterA(config)#router ospf 1
```

```
RouterA (config-router)#network 10.1.1.0 255.255.255.0 area 0
RouterA (config-router)#network 2.1.1.0 255.255.255.0 area 0
```
（3）在路由器 RouterB 配置 OSPF 路由协议，宣告本路由有那些网段。
```
RouterB(config)#router ospf 1
RouterB (config-router)#network 202.116.1.0 255.255.255.0 area 0
RouterB (config-router)#network 2.1.1.0 255.255.255.0 area 0
```
步骤7：测试实验是否成功，用 PC1 ping PC3，如图 6-7-2 所示。

```
PC>ping 202.116.1.1

Pinging 202.116.1.1 with 32 bytes of data:

Reply from 202.116.1.1: bytes=32 time=141ms TTL=125
Reply from 202.116.1.1: bytes=32 time=141ms TTL=125
Reply from 202.116.1.1: bytes=32 time=155ms TTL=125
Reply from 202.116.1.1: bytes=32 time=156ms TTL=125

Ping statistics for 202.116.1.1:
    Packets: Sent = 4, Received = 4, Lost = 0 (0% loss),
Approximate round trip times in milli-seconds:
    Minimum = 141ms, Maximum = 156ms, Average = 148ms

PC>
```

图 6-7-2　PC1 ping PC3

知识点拨

（1）在配置 OSPF 通告相应网络时，要确保通配符掩码的配置正确，而且要说明路由器所在的区域。

（2）在三层交换机上配置 OSPF 的方法与步骤和在路由器上配置 OSPF 类似。

拓展训练

1. 按图 6-7-3 所示的网络拓扑结构完成以下练习：

（1）修改三层交换机、路由器的名称，配置设备端口的地址。

（2）配置 OSPF 协议，使网络互通。

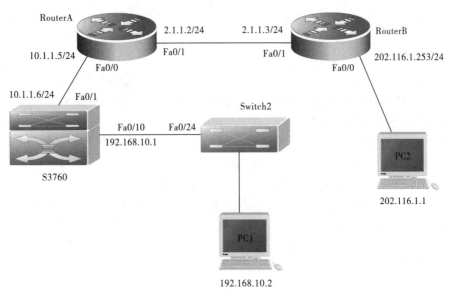

图 6-7-3　网络拓扑结构图

2. 假若德明公司总部有一台三层交换机 S3760 作为公司的核心交换机，管理接入层交换机，并且使得接入层交换机能够相互通信。三层交换机 S3760 再通过路由器与分厂区网络互连，现需要在两个路由器、三层交换机上配置路由协议，使得网络互连互通，网络拓扑结构如图 6-7-4 所示。

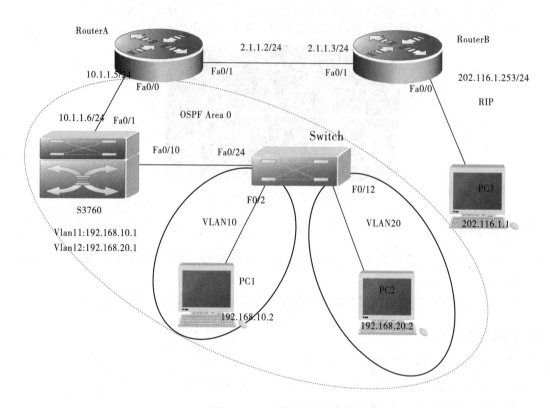

图 6-7-4 网络拓扑结构图

3. 根据图 6-7-5 所示的网络拓扑结构图，连接网络设备，其中 SW2 是二层交换机，SW3 是三层交换机，R1、R2、R3 为路由器，请根据需求做网络配置，把网络配置通，使得 PC1、PC2、PC3、PC4、PC5 能够通信。

具体要求如下：

（1）SW2 上设备修改名称，把 f0/1-5 划分到 VLAN 10，f0/6-10 划分到 VLAN 20，f0/11-20 划分到 VLAN 30，SW2 的 f0/24 连接 SW3 的 f0/23 口。

（2）在 SW3 上设备修改名称，设置 f0/1 的 IP 地址，创建 VLAN 10、20、30 的网关，VLAN 的 IP 地址分别为 192.1.1.1/24、192.1.2.1/24、192.1.3.1/24。

（3）在 R1、R2、R3 上设备修改名称，设置接口 IP 地址。

（4）在 SW3、R1、R2、R3 按拓扑图的要求进行声明路由协议。在 R1 上做路由重分发。

（5）设置 PC1、PC2、PC3、PC4、PC5 的 IP 地址，调试网络使得它们能够相互通信为止。

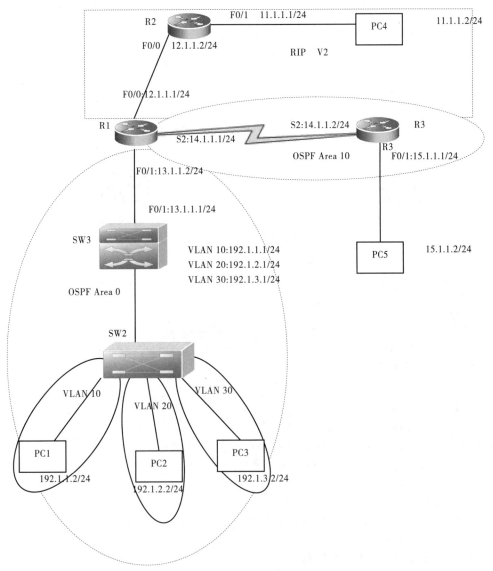

图 6-7-5 网络拓扑结构图

任务八 路由器之间配置 PPP PAP

（PPP PAP）

任务描述

德昌公司为了满足不断增长的业务需求，申请了专线接入 Internet，并让公司的客户端路由器与互联网运营服务商的路由器进行链路协商时进行验证身份，配置路由器路由协议保证链路建立同时考虑链路的安全性，网络拓扑结构如图 6-8-1 所示。

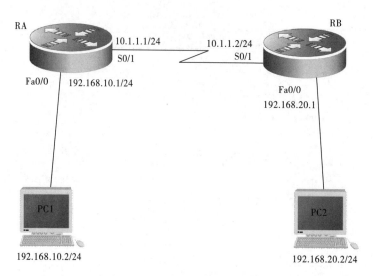

图 6-8-1　网络拓扑结构图

【所需设备】两台路由器、两台计算机、一条 RJ-45 控制线、一条连接路由器串口的线。

任务实现

步骤 1：按照拓扑图连接网线。

步骤 2：在路由器 RA 上配置端口的 IP。

```
Ruijie>enable
Ruijie#configure
Ruijie(config)#hostname RA
RA(config)#interface FastEthernet 0/0
RA(config-if)#ip address 192.168.10.1 255.255.255.0
RA(config-if)#exit
RA(config)#interface Serial 1/0
RA(config-if)#ip address 10.1.1.1 255.255.255.0
RA(config-if)#exit
```

步骤 3：在路由器 RB 上配置端口 IP。

```
Ruijie>enable
Ruijie#configure
Ruijie(config)#hostname RB
RB(config)#interface FastEthernet 0/0
RB(config-if)#ip address 192.168.20.1 255.255.255.0
RB(config-if)#exit
RB(config)#interface Serial 1/0
RB(config-if)#ip address 10.1.1.2 255.255.255.0
RB(config-if)#clock rate 64000
RB(config-if)#exit
```

步骤 4：在 RA 配置 PPP 协议，设置 RA 为被认证方。

```
RA(config)#interface Seria l1/0
RA(config-if)#encapsulation ppp     ！接口下封装 PPP 协议
RA(config-if)#ppp pap sent-username Ruijie password 0 Router
```
！指定 PPP PAP 验证的用户名和密码

步骤 5：在 RB 配置 ppp 协议采用 PAP 认证方式，RB 为认证方。

```
RB(config)#username Ruijie password 0 Router ！创建用户数据库记录，用户名、密码
RB(config)#interface Seria l1/0
RB(config-if)#encapsulation ppp       ！接口下封装 PPP 协议
RB(config-if)#ppp authentication pap  ！PPP 启用 PAP 认证方式
RA(config)#debug  ppp authentication  ！观察 PAP 验证过程
```

步骤 6：配置 OSPF 协议，使网络互通。

```
RA(config)#router ospf 1
RA(config-router)#network 192.168.10.0 255.255.255.0 area 0
RA(config-router)#network 10.1.1.0 255.255.255.0 area 0
RB(config)#router ospf1
RB(config-router)#network 192.168.20.0 255.255.255.0 area 0
RB(config-router)#network 10.1.1.0 255.255.255.0 area 0
```

步骤 7：测试实验，如图 6-8-2 所示。

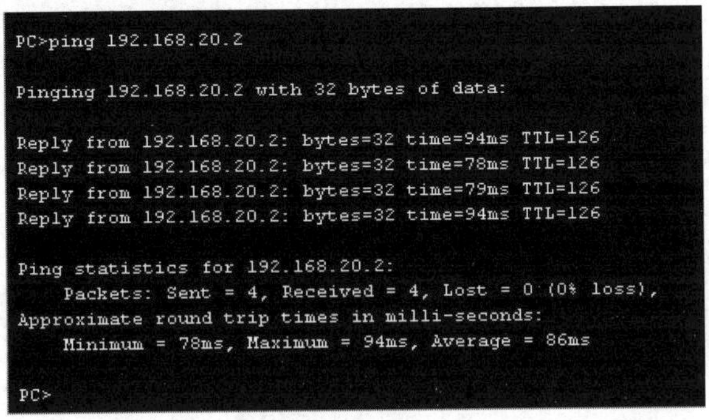

```
PC>ping 192.168.20.2

Pinging 192.168.20.2 with 32 bytes of data:

Reply from 192.168.20.2: bytes=32 time=94ms TTL=126
Reply from 192.168.20.2: bytes=32 time=78ms TTL=126
Reply from 192.168.20.2: bytes=32 time=79ms TTL=126
Reply from 192.168.20.2: bytes=32 time=94ms TTL=126

Ping statistics for 192.168.20.2:
    Packets: Sent = 4, Received = 4, Lost = 0 (0% loss),
Approximate round trip times in milli-seconds:
    Minimum = 78ms, Maximum = 94ms, Average = 86ms

PC>
```

图 6-8-2 测试实验

知识点拨

（1）在 DCE 端要设置时钟频率，clock rate 64000

（2）RB(config)#username Ruijie password 0 Router 命令中 Router 是链路安全协商的密码。

（3）debug ppp authentication 在路由器物理层 up，链路尚未建立的情况下打开才有信息输出，本实验的实质是链路层协商建立的安全性，该信息出现在链路协商的过程中。

（4）PPP 的认证功能是指在建立 PPP 链路的过程中进行验证，若验证通过，则连接；若验证不通过，则拆除链路。

拓展训练

按照图 6-8-3 所示的网络拓扑结构完成以下练习。

（1）配置路由器 RA、RB 的名称、设置接口的 IP 地址，并配置 PPP、PAP 链路。

（2）配置完成后进行测试。

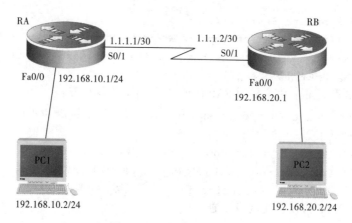

图 6-8-3　网络拓扑结构图

任务九　路由器之间配置 PPP CHAP

（PPP CHAP）

任务描述

　　假若你是公司的网络管理员，公司为了满足不断增长的业务需求，申请了专线接入，而且客户端路由器与 ISP 进行链路协商时，需要验证身份。由于 PAP 在验证用户身份时，采用明文方式传输信息，因此，在验证过程中可能会被第三方窃取用户验证信息。为了避免这种情况，你决定采用 CHAP 协议进行用户信息验证，提高网络安全性，其网络拓扑结构如图 6-9-1 所示。

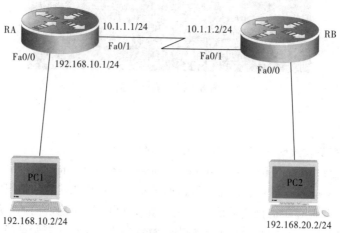

图 6-9-1　网络拓扑结构

【所需设备】两台路由器、两台计算机、一条 RJ-45 控制线、一条连接路由器串口的线。

任务实现

　　步骤 1：按照拓扑图连接网线。

　　步骤 2：在路由器 RA 上配置端口的 IP。

```
Ruijie>enable
Ruijie#configure
Ruijie(config)#hostname RA
RA(config)#interface FastEthernet 0/0
RA(config-if)#ip address 192.168.10.1 255.255.255.0
RA(config-if)#exit
RA(config)#interface serial 1/0
RA(config-if)#ip address 10.1.1.1 255.255.255.0
RA(config-if)#exit
```

步骤 3：在路由器 RB 上配置端口的 IP。

```
Ruijie>enable
Ruijie#configure
Ruijie(config)#hostname RB
RB(config)#interface FastEthernet 0/0
RB(config-if)#ip address 192.168.20.1 255.255.255.0
RB(config-if)#exit
RB(config)#interface Serial 1/0
RBconfig-if)#ip address 10.1.1.2 255.255.255.0
RB(config-if)#clock  rate  64000
RB(config-if)#exit
```

步骤 4：在 RA 配置 PPP 协议，采用 CHAP 验证方式。

```
RA(config)#username RB password 0 Router ! RB 是对端路由器的名称，密码和对端路由
```
器的设定一致
```
RA(config)#interface Serial 1/0  ! 封装协议
RA(config-if)#encapsulation ppp
RA(config-if)#ppp authentaication chap ! 设置 PPP 的 CHAP 验证方式
```

步骤 5：在 RB 配置 PPP 协议，采用 CHAP 验证方式。

```
RB(config)#username RA password 0 Router ! RA 是对端路由器的名称，密码和对端路由
```
器的设定一致
```
RB(config)#interface Serial 1/0
RB(config-if)#encapsulation ppp  ! 封装协议
RB(config-if)#ppp authentaication chap ! 设置 PPP 的 CHAP 验证方式
```

步骤 6：配置 OSPF 协议，使网络互通。

```
RA(config)#router ospf 1
RA(config-router)#network 192.168.10.0 255.255.255.0 area 0
RA(config-router)#network 10.1.1.0 255.255.255.0 area 0
RB(config)#router ospf1
RB(config-router)#network 192.168.20.0 255.255.255.0 area 0
RB(config-router)#network 10.1.1.0 255.255.255.0 area 0
```

步骤 7：测试实验，如图 6-9-2 所示。

```
PC>ping 192.168.20.2

Pinging 192.168.20.2 with 32 bytes of data:

Reply from 192.168.20.2: bytes=32 time=94ms TTL=126
Reply from 192.168.20.2: bytes=32 time=78ms TTL=126
Reply from 192.168.20.2: bytes=32 time=79ms TTL=126
Reply from 192.168.20.2: bytes=32 time=94ms TTL=126

Ping statistics for 192.168.20.2:
    Packets: Sent = 4, Received = 4, Lost = 0 (0% loss),
Approximate round trip times in milli-seconds:
    Minimum = 78ms, Maximum = 94ms, Average = 86ms

PC>
```

图 6-9-2　测试实验

知识点拨

（1）在 DCE 端要设置时钟频率，clock rate 64000

（2）RA(config)#username RB password 0 Router！username 后面的参数是对方的主机名，password 0 后面是验证时用的密码。

（3）RB(config)#username RA password 0 Router！username 后面的参数是对方的主机名，password 0 后面是验证时用的密码。

（4）本任务使用了 CHAP（质询握手协议），CHAP 认证比 PAP 认证更安全，因为 CHAP 不在线路上发送明文密码，而是发送经过摘要算法加工过的随机序列，而且身份认证可以随时进行，包括双方正常通信的过程中。因此，即使非法用户截获并成功破解了一次密码，此密码也将在一段时间内失效。CHAP 对端系统要求很高，因为它需要多次进行身份质询、响应。由于此种验证方式对系统配置的要求比较高，一般应用在对安全性要求很高的情况下。

拓展训练

按照图 6-9-3 所示的拓扑结构完成以下练习：

（1）配置路由器 RA、RB 的名称，设置端口的地址，并配置 PPP CHAP。

（2）配置完成后，进行测试。

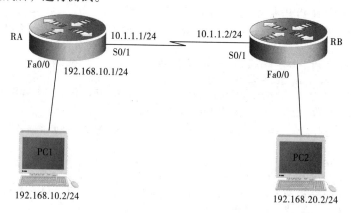

图 6-9-3 网络拓扑结构图

单 元 小 结

路由器的主要功能是使异构网络互通，把一个网络的数据包发送到另一个网络中去。路由就是指挥 IP 数据包如何发送的路径信息，路由协议是指在路由指导 IP 数据包发送的过程中事先约定好的规定和标准，是路由信息形成的方法和标准。

路由协议是通过在路由器之间共享路由信息来生成可到达路径信息的协议。所有的路由信息在相邻路由器之间相互传递，以确保所有路由器知道到其他路由器的路径。总的来说，路由协议起到创建路由表、描述网络拓扑结构的作用。路由协议与路由器协同工作，根据接收到的数据包需要到达的网络地址，自动选择路由路径，并把数据包从正确的端口转发出去。

路由协议主要运行于路由器或三层交换机上，路由协议是用来确定到达路径的，常见的路由协议有静态路由、RIP、OSPF 等，在本单元对它们作了详细地介绍和讲解。路由协议起到一个网络地图导航的作用，负责为需要转发的数据寻找路径，它工作在传输层或应用层。路由协议是运行在路由设备上的协议，主要用来进行数据转发路径的选择。

第七单元 企业网络安全配置要点

（网络安全）

技能目标

(1) 定义 ACL 及其应用。

(2) 配置 ACL 限制上网时间。

(3) 应用 VPN L2TP 拨号。

(4) 配置 ACL 禁止访问指定端口。

素养目标

(1) 做好安全管理工作职责。

(2) 遵守道德法律，自觉履行职责。

(3) 管理员要合理分配用户权限。

(4) 管理员要遵纪守法，有良好的职业操守。

在网络世界里存在着许多危害网络稳定及安全的病毒，如 ARP 病毒、木马病毒、冲击波、震荡波，这些病毒都对网络造成威胁，甚至影响用户操作系统的正常运行。如何防范这些病毒入侵呢？这里介绍一下路由器所拥有的 ACL（Access Control List，访问控制列表）安全功能。ACL 能够有效地防止病毒或网络蠕虫对网络服务器漏洞的攻击、基于缓冲区溢出的攻击、与 Active Code 相关的攻击、与协议弱点相关的攻击，以及与不完全的密码相关的攻击。本单元将介绍如何在路由器上配置 ACL，通过任务让大家认识 ACL 强大的功能。

本单元还将讲述如何配置 VPN。顾名思义，我们可以把它理解成虚拟出来的企业内部专线。它可以通过特殊加密的通信协议，在连接在 Internet 上位于不同地方的两个或多个企业内部网之间建立一条专有的通信线路，就好比是架设了一条专线一样，但是它并不需要去铺设真正的光缆之类的物理线路。这就好比去电信局申请专线，但是不用给铺设线路的费用，也不用购买路由器等硬件设备。VPN技术原是路由器具有的重要技术之一，但目前交换机、防火墙设备等软件也都支持 VPN 功能。总的来说，VPN 的核心就是在利用公共网络建立虚拟私有网络。

任务一 ACL 限制网络访问

（定义标准 ACL）

任务描述

某公司有财务部、采购部、生产部和人事部四个部门，公司要求只允许人事部访问财务部的计算机，其余部门都不能访问财务部，网络拓扑如图 7-1-1 所示。公司网络管理员为了执行公司要求，他在公司的路由器配置了一个标准 ACL，只允许人事部访问财务部，其余部门都禁止访问。以下实验将模拟上述情况在路由器上配置一个标准 ACL 来限制网络访问。

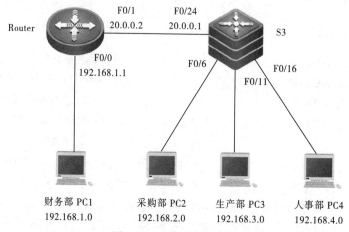

图 7-1-1 网络拓扑图

【所需设备】一台路由器、一台三层交换机、四台 PC。

任务实现

步骤 1：按图 7-1-1 拓扑图所示，制作图中所需的网线，并按照拓扑图连接。

步骤 2：配置三层交换机 S3，在三层交换机 S3 创建 VLAN20、VLAN30、VLAN40 分别模拟采购部、生产部、人事部，并将三层交换机端口加入相应 VLAN 中；设置交换机 F0/24 端口的 IP 地址。

```
Switch>enable
Switch#configure terminal
Switch(config)#hostname S3
S3(config)#vlan 20
S3(config-vlan)#vlan 30
S3(config-vlan)#vlan 40
S3(config-vlan)#exit
S3(config)#interface vlan 20  ! 采购部
S3(config-vlan20)#ip address 192.168.2.1 255.255.255.0
S3(config-vlan20)#exit
S3(config)#interface vlan 30  ! 生产部
S3(config-vlan230)#ip address 192.168.3.1 255.255.255.0
S3(config-vlan30)#exit
```

```
S3(config)#interface vlan 40  !人事部
S3(config-vlan40)#ip address 192.168.4.1 255.255.255.0
S3(config-vlan40)#exit
S3(config)#interface range fastethernet 0/6-10
S3(config-range-if)#switchport access vlan 20
S3(config-range-if)#exit
S3(config)#interface range fastethernet 0/11-15
S3(config-range-if)#switchport access vlan 30
S3(config-range-if)#exit
S3(config)#interface range fastethernet 0/16-20
S3(config-range-if)#switchport access vlan 40
S3(config-range-if)#exit
S3(config)#interface fastethernet 0/24
S3(config-if)#no switchport
S3(config-if)#ip address 20.0.0.1 255.255.255.0  !设置交换机 f0/24 端口的 IP
地址。
S3(config-if)#exit
```

步骤 3：配置路由器 Router，配置端口的 IP 地址。

```
Ruijie>enable
Ruijie#configure terminal
Ruijie(config)#hostname Router
Router(config)#interface fastethernet 0/0
Router(config-if)#ip address 192.168.1.1 255.255.255.0
Router(config-if)#exit
Router(config)#interface fastethernet 0/1
Router(config-if)#ip address 20.0.0.2 255.255.255.0
Router(config-if)#exit
```

步骤 4：在三层交换机 S3 配置 OSPF 路由协议，声明宣告自身网段。

```
S3(config)#route ospf 1
S3(config-route)#network 192.168.2.0 255.255.255.0 area 0
S3(config-route)#network 192.168.3.0 255.255.255.0 area 0
S3(config-route)#network 192.168.4.0 255.255.255.0 area 0
S3(config-route)#network 20.0.0.0 255.255.255.0 area 0
```

步骤 5：在路由器 Router 配置 OSPF 路由协议，声明宣告自身网段。

```
Router(config)#route ospf 1
Router(config-route)#network 192.168.1.0 255.255.255.0 area 0
Router(config-route)#network 20.0.0.0 255.255.255.0 area 0
```

步骤 6：在步骤 2 至步骤 5 配置完 IP 以及网络协议后，即可实现网络全通。配置 PC2、PC3、PC4 以及 PC1 的 IP 地址和网关地址；接着在 PC1（192.168.1.2）ping PC2（192.168.2.2）、PC3（192.168.3.2）、PC4（192.168.4.2），检测连通性，如果配置正确，那么四台 PC 都是可以相互通信的，如图 7-1-2 所示。

步骤 7：在路由器 Router 上配置 ACL 访问列表规则。

```
Router(config)# ip access-list standard  1
  ! 在路由器定义创建标准 ACL 访问控制列表，编号为 1
Router(config)# permit 192.168.4.0 0.0.0.255
        ! 允许人事部 PC4 的网段 192.168.4.0 访问(路由器/财经部 PC1)
```

! 在路由器定义创建标准 ACL 访问控制列表，编号为 1，允许人事部 PC4 的网段 192.168.4.0 访问(路由器/财经部 PC1)，由于访问控制列表默认为拒绝。

图 7-1-2　配置结果

小贴士

　　使用 show running 查看路由器配置，可以看到现在就定义了 permit（允许访问）访问控制列表规则：access-list 1 permit 192.168.4.0 0.0.0.255，这个规则标号为 1；允许人事部 PC4 的网段 192.168.4.0 访问（路由器/财务部 PC1），当人事部的 PC 访问财务部就会匹配这条允许访问规则；由于访问控制列表默认为拒绝，所以其他部门访问财务部就会匹配默认拒绝这个规则，就是 deny any。网络设备启用 ACL 访问规则进行检测数据包是允许还是拒绝是根据访问规则从上往下逐一进行判断；一个端口执行哪条 ACL，这需要按照列表中的条件语句执行顺序来判断；如果一个数据包的报头跟表中某个条件判断语句相匹配，那么后面的语句就将被忽略，不再进行检查。

　　为什么步骤 7 在配置 ACL 时最后不增加一条 deny any 的命令来拒绝其他部门访问财务部呢？因为每个 ACL 最后都隐含着一条 deny any，所以不必再加上去。

　　标准访问控制列表（ACL）使用 1～99 标号，标准 ACL 可以阻止来自某一网络的所有通信流量，或者允许来自某一特定网络的所有通信流量。

步骤 8：在路由器端口上绑定、启用访问列表规则。

```
Router(config)#interface fastethernet 0/0      ！进入 F0/1 端口
Router (config-if)#ip access-group 1 out
！绑定编号为 1 的 ACL 到靠近目的端口的出口处
```

 小贴士

访问控制列表启用一般在交换机、路由器等网络设备的接口或者虚拟接口上绑定、启用，绑定方向分为入口方向（in）或者出口方向（out）。

定义标准 ACL 主要步骤一般分两步：首先定义访问控制列表规则，然后将访问控制列表规则绑定启用。

步骤 9：测试 ACL 访问控制列表是否达到限制或者放行效果。

验证配置：

（1）使用生产部的 PC3 ping 财务部的 PC1，不能通信，如图 7-1-3 所示，若不通则表明 ACL 配置成功。

```
PC>ping 192.168.1.2

Pinging 192.168.1.2 with 32 bytes of data:

Reply from 20.0.0.2: Destination host unreachable.
Reply from 20.0.0.2: Destination host unreachable.
Reply from 20.0.0.2: Destination host unreachable.
Reply from 20.0.0.2: Destination host unreachable.

Ping statistics for 192.168.1.2:
    Packets: Sent = 4, Received = 0, Lost = 4 (100% loss),

PC>ipconfig

FastEthernet0 Connection:(default port)

   Link-local IPv6 Address.........: FE80::2E0:B0FF:FE21:DB56
   IP Address......................: 192.168.2.2
   Subnet Mask.....................: 255.255.255.0
   Default Gateway.................: 192.168.2.1
```

图 7-1-3　生产部 PC3 ping 财务部 PC1 结果

（2）使用人事部的 PC4 ping 财务部的 PC1，能相通，如图 7-1-4 所示，若 ping 通则表明 ACL 配置成功。

```
Packet Tracer PC Command Line 1.0
PC>ping 192.168.1.2

Pinging 192.168.1.2 with 32 bytes of data:

Reply from 192.168.1.2: bytes=32 time=0ms TTL=126
Reply from 192.168.1.2: bytes=32 time=10ms TTL=126
Reply from 192.168.1.2: bytes=32 time=0ms TTL=126
Reply from 192.168.1.2: bytes=32 time=0ms TTL=126

Ping statistics for 192.168.1.2:
    Packets: Sent = 4, Received = 4, Lost = 0 (0% loss),
Approximate round trip times in milli-seconds:
    Minimum = 0ms, Maximum = 10ms, Average = 2ms

PC>
```

图 7-1-4　人事部 PC4 ping 财务部 PC1 结果

（3）在 PC1 上 ping PC4（192.168.4.2）、PC3（192.168.3.2）、PC2（192.168.2.2），会发现 PC1 与 PC4 可以通信，而与 PC2、PC3 不能通信，如图 7-1-5 所示。

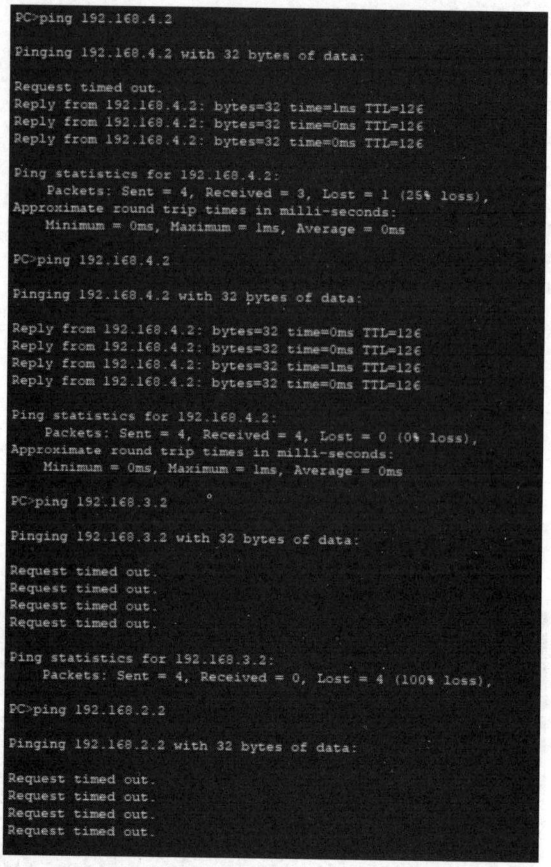

```
PC>ping 192.168.4.2

Pinging 192.168.4.2 with 32 bytes of data:

Request timed out.
Reply from 192.168.4.2: bytes=32 time=1ms TTL=126
Reply from 192.168.4.2: bytes=32 time=0ms TTL=126
Reply from 192.168.4.2: bytes=32 time=0ms TTL=126

Ping statistics for 192.168.4.2:
    Packets: Sent = 4, Received = 3, Lost = 1 (25% loss),
Approximate round trip times in milli-seconds:
    Minimum = 0ms, Maximum = 1ms, Average = 0ms

PC>ping 192.168.4.2

Pinging 192.168.4.2 with 32 bytes of data:

Reply from 192.168.4.2: bytes=32 time=0ms TTL=126
Reply from 192.168.4.2: bytes=32 time=0ms TTL=126
Reply from 192.168.4.2: bytes=32 time=1ms TTL=126
Reply from 192.168.4.2: bytes=32 time=0ms TTL=126

Ping statistics for 192.168.4.2:
    Packets: Sent = 4, Received = 4, Lost = 0 (0% loss),
Approximate round trip times in milli-seconds:
    Minimum = 0ms, Maximum = 1ms, Average = 0ms

PC>ping 192.168.3.2

Pinging 192.168.3.2 with 32 bytes of data:

Request timed out.
Request timed out.
Request timed out.
Request timed out.

Ping statistics for 192.168.3.2:
    Packets: Sent = 4, Received = 0, Lost = 4 (100% loss),

PC>ping 192.168.2.2

Pinging 192.168.2.2 with 32 bytes of data:

Request timed out.
Request timed out.
Request timed out.
Request timed out.
```

图 7-1-5 PC1 与 PC4 可以通信，与 PC2、PC3 不能通信

小贴士

对 ACL 中表项的检查是自上而下的，只要匹配一条表项，对此 ACL 的检查就马上结束。

知识点拨

（1）ACL（Access Control List）访问控制列表是路由器和交换机接口的指令列表，用来控制端口进与出的数据包。使用访问列表对数据进行过滤，首先必须通过命令 access-list 定义一系列访问列表规则语句。学生可以根据具体安全需要使用不同种类的访问列表，例如：

① 标准 IP 访问列表（1–99，1300–1999），只对源地址进行控制。

② 扩展 IP 访问列表（100–199，2000–2699），可以根据源目的地址进行复杂的控制。

③ MAC 扩展列表（700–799），可以根据源和目的 MAC 地址以及以太网类型进行匹配 Expert 扩展访问列表（2700–2899）。

（2）Access-list 动作及默认动作分为两种：允许通过（Permit）或拒绝通过（Deny）。

① 在一个 access-list 内，可以有多条规则（Rule）。对数据包的过滤从第一条规则开始，直到匹配到一条规则，其后的规则不再进行匹配。

② 全局默认动作只对端口入口方向的 IP 包有效。对入口的非 IP 数据包以及出口的所有数据包，其默认转发动作均为允许通过。

③ 只有在包过滤功能打开且端口上没有绑定任何的 ACL 或不匹配任何绑定的 ACL 时才会匹配入口的全局的默认动作。

④ 当一条 access-list 被绑定到一个端口的出方向时，其规则的动作只能为拒绝通过。

拓展训练

1. 如图 7-1-6 所示，假若德明公司有生产部、销售部、财务部三个部门，生产部 PC1 归属于 VLAN10，使用 192.168.10.0/24 网段 IP；销售部（PC2）归属于 VLAN20，使用 192.168.20.0/24 网段 IP；财务部（PC3）归使用 1.1.1.0/24 网段 IP。生产部、销售部的计算机都是由二层交换机接入网络，并且通过路由器与财务部的计算机进行连通。现在要求配置标准的 ACL 使得 VLAN10 可以访问财务部，VLAN20 不可以访问财务部。

（1）具体要求如下：

① 在二层交换机划分 VLAN，把 f0/1-10 加入 vlan10，f0/11-20 加入 vlan20。

② 在 Router 的 f0/0 上面配置子接口，设置 f0/1 的接口 IP 地址。

③ 在 Router 上定义 ACL 访问控制列表。

（2）最终达到目的是：

① VLAN10 与 VLAN20 可以通信。

② VLAN10 与 PC3（1.1.1.0/24）可以通信。

③ VLAN20 与 PC3（1.1.1.0/24）不以通信。

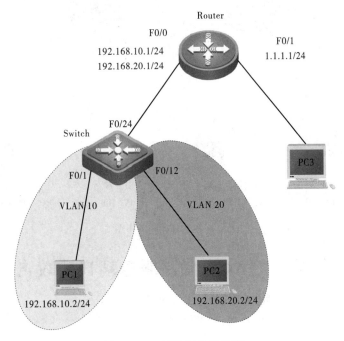

图 7-1-6　网络拓扑结构图

2. 参照图7-1-7所示拓扑结构，按下面要求对路由器和交换机进行配置，要求如下：

（1）修改各网络设备名称，制作相应的网线，按照拓扑图进行连接。

（2）S1创建VLAN10，把F0/1-3端口加入VLAN10，设置VLAN网关地址：192.168.1.254/24；创建VLAN20，把F0/4-6端口加入VLAN20，设置VLAN网关地址：192.168.2.254/24；设置F0/24端口的管理地址为：10.0.0.1/24；

（3）S2创建VLAN30，把F0/1-3端口加入VLAN30，设置网关地址：192.168.3.254/24；创建VLAN40，把F0/6-8端口加入VLAN40，设置网关地址：192.168.4.254/24；设置F0/24端口的管理地址为：20.0.0.1/24

（4）在路由器设置F0/0端口的IP地址：10.0.0.2/24；设置F0/1端口的IP地址20.0.0.2/24。

（5）分别在路由器、三层交换机S1、三层交换机S2配置OSPF路由协议，使全网互通。

（6）在路由器扩展创建ACL，组号为105，进行配置，允许财务部访问生产部，但生产部不能访问财务部，完成后将ACL绑定到F0/0的入口处。

（7）配置完成后对实验进行验证测试。

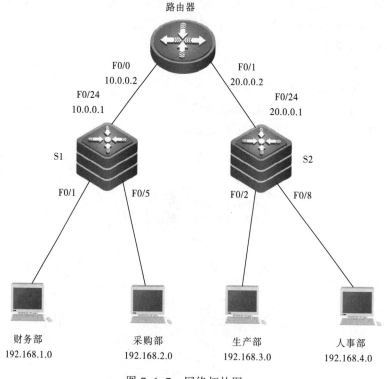

图7-1-7　网络拓扑图

任务二　ACL 限制服务端口防攻击

（定义拓展ACL、基于端口ACL）

任务描述

基于安全原因，为防止病毒、黑客入侵或攻击网吧服务器，某网吧网管人员在路由器上配置了限制访问端口的 ACL，只允许开放网页、DNS、Mail 等端口。以下实验将模拟上述情况在路由器上配置限制访问端口的 ACL，其网络拓扑结构如图 7-2-1 所示。

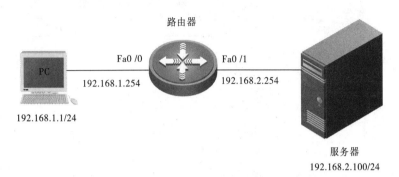

图 7-2-1　网络拓扑结构图

【所需设备】一台路由器、两台计算机、两条网线。

任务实现

步骤 1：按图 7-2-1 所示的拓扑结构制作所需的网线，并按照拓扑图连接各设备。

步骤 2：配置路由器端口的 IP 地址。

```
Router>enable
Router#configure terminal
Router(config)#interface FastEthernet 0/0
Router(config-if)#ip address 192.168.1.254 255.255.255.0
Router(config-if)#exit
Router(config)#interface FastEthernet 0/1
Router(config-if)#ip address 192.168.2.254 255.255.255.0
Router(config-if)#exit
```

步骤 3：创建 ACL，将其命名为 dkdeny，并添加过滤规则。

```
Router(config)#ip access-list extended dkdeny
Router(config-ext-nacl)# permit tcp 192.168.1.0 0.0.0.255 host 192.168.2.100
eq www            ！允许 192.168.1.0 网段访问服务器的 WWW 服务（80 端口）
Router(config-ext-nacl)# permit tcp 192.168.1.0 0.0.0.255 host 192.168.2.100
eq domain         ！允许 192.168.1.0 网段访问服务器的 DNS 服务（53 端口）
Router(config-ext-nacl)# permit tcp 192.168.1.0 0.0.0.255 host 192.168.2.100
eq smtp           ！允许 192.168.1.0 网段访问服务器的 SMTP 服务（25 端口）
Router(config-ext-nacl)# permit tcp 192.168.1.0 0.0.0.255 host 192.168.2.100
eq pop3           ！允许 192.168.1.0 网段访问服务器的 POP3 服务（110 端口）
```

步骤 4：绑定 ACL。

```
Router(config)# interface FastEthernet 0/0
Router(config-if)# ip access-group dkdeny in    ！将 ACL 绑定在端口的入口处
```

验证配置：

可通过访问服务器的 WWW、DNS、SMTP、POP3、FTP 服务测试 ACL 是否配置正确。访问服务器的 WWW 服务，在计算机的 IE 浏览器中输入 http://192.168.2.100，如果浏览器能与服务器正常通信并可以打开网页，则表示 ACL 配置正确，如图 7-2-2 所示。

图 7-2-2　查看 ACL 配置

在配置基于端口的 ACL 后，试图 FTP 服务 ftp://192.168.2.100，如果不能连接，则表明 ACL 配置正确，如图 7-2-3 所示。

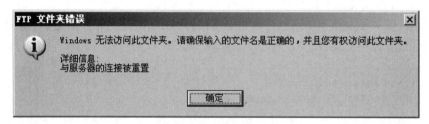

图 7-2-3　试图 FTP 服务

知识点拨

（1）访问控制列表的作用。

① 若内网部署有安全策略，保证有内网安全权限的资源的访问。

② 内网访问外网时，进行安全数据过滤。

③ 防止常见的病毒、木马攻击用户的计算机并造成破坏。

（2）访问控制列表基本上可分为标准的访问控制列表和扩展的访问控制列表。

① 标准的访问控制列表只能基于源 IP 进行过滤。在标准访问列表配置模式下，指定一个或多个允许或不允许条件，来决定该包通过还是不通过。

② 扩展的访问控制列表可以同时基于源 IP 和目的 IP，还有源端口和目的端口等多种条件进行过滤。在扩展访问列表配置模式下，也可以指定一个、多个允许或不允许条件来决定该包通过还是不通过。

③ 在初始建立访问列表后，任何后续的增加部分都会被放入表的尾部。换句话说，不能从指定的访问列表中选择增加访问列表命令。但是，可以使用 no permit 和 no deny 命令从名字访问列表中删除项。

（3）配置基于端口的 ACL 时，要禁止某个端口时必须要知道该端口属于哪个协议，而 ACL 能禁止的协议有 ICMP、TCP、UDP 等。

（4）基于端口的 ACL 格式的说明。

例子：permit tcp 192.168.1.0 0.0.0.255 host 192.168.2.100 eq pop3

解释：允许 192.168.1.0 网段访问 IP 为 192.168.2.100 的主机中的 TCP 协议的 POP3（110 端口）。其中，例子里面的 permit 代表允许，TCP 代表协议的种类，eq 代表定义端口，pop3 代表协议或端口号（可以自行输入端口号）。

拓展训练

1. 参照图 7-2-4 所示的网络拓扑结构，按下列要求对路由器进行配置：

（1）设置 PC 的 IP 地址，制作两条网线，按照拓扑图连接各设备。

（2）按照拓扑图配置路由器各端口的 IP 地址。

（3）创建 ACL，将其命名为 duankou，配置允许 192.168.1.0 网段访问服务器 TCP 协议的 80、110、53、8080、23、21、20 端口，其余端口一律禁止。

（4）在服务器中分别创建 FTP 站点、网站服务器、邮箱服务等，创建完毕后，使用任意一个客户端连接这些服务。若这些服务都能正常访问，则表示 ACL 配置正确。

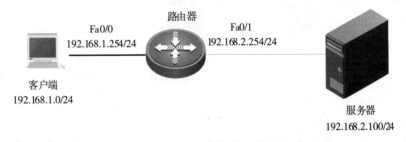

图 7-2-4　网络拓扑结构图

2. 假若德明公司总部有生产部、销售部、财务部三个部门，生产部（PC1）归属于 VLAN10，使用 192.168.10.0/24 网段 IP；销售部（PC2）归属于 VLAN20，使用 192.168.20.0/24 网段 IP；财务部（PC3）使用 192.168.30.0/24 网段 IP。生产部、销售部、财务部的计算机都是由二层交换机接入网络，并且通过路由器与德明公司分公司技术部的计算机进行连通。网络拓扑结构图如图 7-2-5 所示。

（1）网络基本配置要求如下：

① 在二层交换机 SW21 划分 VLAN，把 f0/1-10 加入 vlan10，f0/11-15 加入 vlan20，f0/16-20 加入 vlan30。

② 在 Router 的 f0/0 上面配置子接口，设置 f0/1 的接口 IP 地址。

③ 在 Router 上定义 ACL 访问控制列表。

（2）为了提供网络的安全性，在路由器 Router 上配置 ACL，实现网络访问控制，达到目的如下：

① VLAN10、VLAN20、VLAN30 可以通信。

② VLAN10 与研发部计算机通信。

③ VLAN20 只可以访问研究部 PC5 的 web 服务器。

④ VLAN30 只可以 ping 研究部 PC5 的所有计算机，不能访问其他服务。

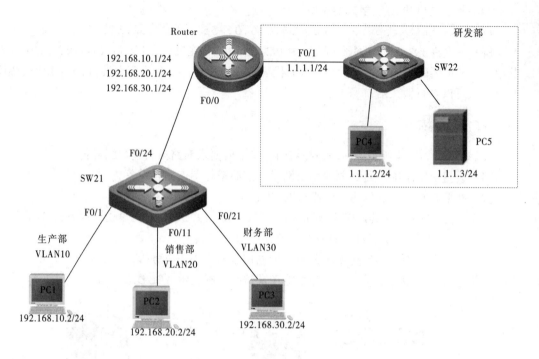

图 7-2-5　网络拓扑图

3. 根据网络拓扑结构图 7-2-6 所示，其中 SW2 是二层交换机，SW3 是三层交换机，R1 为路由器，按照图连接网络设备。

（1）请根据需求做网络配置，配置 IP、划分 VLAN、配置路由协议，使得 PC1、PC2、PC3、PC4 能够通信。具体要求如下：

① SW2 设备修改名称，把 f0/1-5 划分到 VLAN10，f0/6-10 划分到 VLAN20，f0/11-20 划分到 VLAN30，SW2 的 f0/24 连接 SW3 的 f0/23 口。

② SW3 设备修改名称，设置 f0/1 的 IP 地址，创建 VLAN10、VLAN20、VLAN30 的网关，VLAN 的 IP 地址分别为 192.168.1.1/24、192.168.2.1/24、192.168.3.1/24。

③ R1 设备修改名称，设置接口 IP 地址。

④ 在 SW3、R1 上按拓扑图的要求进行声明路由协议。

⑤ 设置 PC1、PC2、PC3、PC4 的 IP 地址，调试网络使得它们能够互通为止。

⑥ 在 PC1 中 ping PC2 的 IP，接着在 PC1 中 ping PC3 的 IP，接着在 PC1 中 ping PC4 的 IP，将 ping 结果截图保存为 N31.jpg。

（2）在三层交换机 SW3 上配置 ACL 使得 VLAN10 与 VLAN20 的计算机不能相互访问，实现网络访问控制。要求如下：

① 在 SW3 定义 VLAN10 与 VLAN20 不能相互访问 ACL 规则。

② 把 ACL 规则绑定在三层交换机 VLAN 上或者接口上。

③ 再次在 PC1 中 ping PC2 的 IP，接着在 PC1 中 ping PC3 的 IP，接着在 PC1 中 ping PC4 的 IP，将结果截图保存为 N32.jpg。

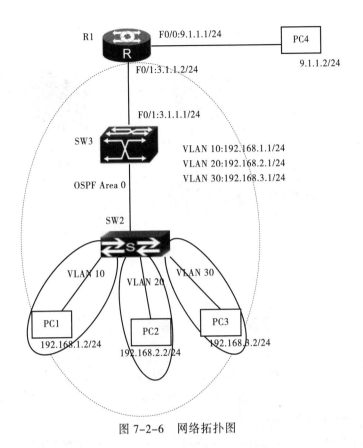

图 7-2-6　网络拓扑图

任务三　ACL 限制服务器服务时间

（基于时间的 ACL）

任务描述

某校园有些学生经常深夜还在上网，严重影响学习，为了防止这种现象继续，网络管理员在校内的路由器上配置了一个 ACL，定义 00:00 到 7:00 这段时间内不能与外部网络通信。以下实验将模拟在路由器上配置 ACL 限制上网时间的功能。

【所需设备】一台路由器、一台二层交换机、三台计算机、四条网线。

任务实现

步骤 1：按图 7-3-1 所示的网络拓扑结构制作所需的网线，并按照拓扑图连接各设备。

步骤 2：按照网络拓扑结构配置计算机的 IP 地址。

步骤 3：配置路由器各端口的 IP 地址。

```
Router(config)#interface FastEthernet 0/1
Router(config-if)#ip address 192.168.1.1 255.255.255.0
Router(config-if)#exit
Router(config)#interface FastEthernet 0/0
Router(config-if)#ip address 10.0.0.254 255.255.255.0
```

```
Router(config-if)#exit
```

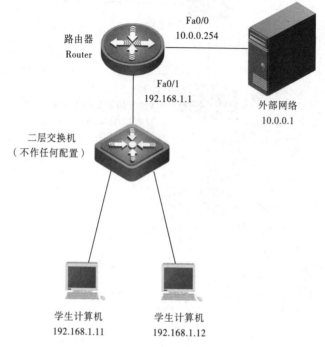

图 7-3-1　网络拓扑结构图

步骤 4：定义时间列表并配置 ACL。

```
Router(config)# time-range no-time        !创建时间列表，将其命名为 no-time
Router(config-time-range)# periodic weekdays 0:00 to 6:59
                                          ! 定义时间段为凌晨 0 点至 7 点
Router(config)# exit
Router(config)# ip access-list extended jinzhi   !创建扩展 ACL，将其命名为 jinzhi
Router(config-ext-nacl)# deny ip any host 10.0.0.1 time-range no-time
! 禁止所有计算机在每天凌晨 0 点至 7 点的时间段与外部通信。
Router(config)# exit
Router(config-ext-nacl)# exit
```

步骤 5：绑定 ACL。

```
Router(config)# interface FastEthernet0/1
Router(config-if)# ip access-group jinzhi in ! 将 ACL 绑定在端口的入口处
```

 小贴士

　　time-range 的实现依赖于系统时钟，因此要使用这个功能，就必须保证系统有一个可靠的时钟。

　　验证配置：

　　可以通过将路由器的系统时间调制到 ACL 允许或禁止的时间段内，进行验证配置有时间列表的 ACL。

　　（1）把路由器的系统时间设置到 ACL 禁止访问网页的时间范围内。使用任意一台学生计算机访问外部网络，若在该时段内不能连接外部网络，则表明 ACL 配置正确，如图 7-3-2 所示。

以下是设置路由器系统时间的命令：

```
Router(config)# clock set 01:00:00 10 15 2010  !设置路由器系统时间为凌晨1点
```

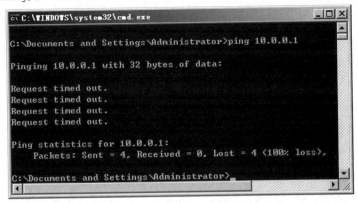

图 7-3-2　设置禁止访问网页时间

（2）把路由器的系统时间设置到 ACL 允许访问网页的时间范围内。使用任意一台学生计算机访问外部网络，若在该时段内能 ping 通外部网络，则表明 ACL 配置正确，如图 7-3-3 所示。以下是设置路由器系统时间的命令：

```
Switch(config)# clock set 09:00:00 10 15 2010  !设置路由器系统时间为早上9点
```

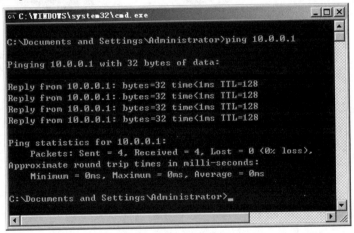

图 7-3-3　设置允许访问网页时间

小贴士

全局配置模式下可以使用 no time-range time-range-name 命令删除指定的 time-range。

（1）访问列表规则的引用。路由器应用访问列表对流经接口的数据包进行控制。

① 入口应用（in）。对经某接口进入设备内部的数据包进行安全规则过滤。

② 出口应用（out）。对设备从某接口向外发送的数据包进行安全规则过滤。

（2）一个接口在一个方向只能应用一组访问控制列表。

（3）定义访问控制列表的步骤。

① 定义规则（哪些数据允许通过，哪些数据不允许通过）。

② 将规则应用在路由器（或交换机）的接口上。

拓展训练

参照图 7-3-4 所示的网络拓扑结构，按下列要求对路由器进行配置：

（1）制作四条网线，按照拓扑图连接各设备，并设置计算机的 IP 地址。

（2）创建时间列表，将其命名为 time1，并定义时间是每周一、三、五的 9:00～16:30。

（3）创建扩展 ACL，将其命名为 timeacl，配置禁止计算机在每周一、三、五的 9:00～16:30 访问外部网络，其余时间允许访问。

（4）绑定 ACL 在 Fa0/0 端口的入口处。

（5）配置完成后，对实验进行验证测试。

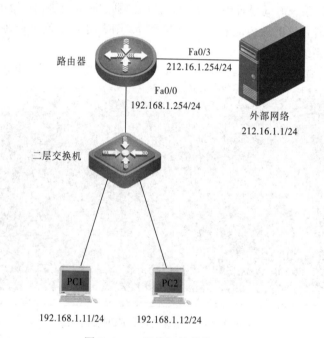

图 7-3-4　网络拓扑结构图

*任务四　通过 VPN 拨号接入网络

任务描述

某公司的一名员工在出差时需要连接公司内部网络，他在一台可以访问 Internet 的计算机上通过 VPN 隧道登录到公司内部网络，对此，该名员工通过 VPN 隧道满足了异地连接公司内部网络的需要。以下实验将在路由器上配置 L2TP VPN 隧道功能，其网络拓扑结构如图 7-4-1 所示。

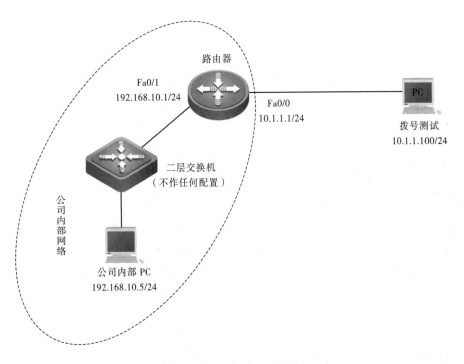

图 7-4-1　网络拓扑结构图

【所需设备】一台路由器、一台二层交换机、两台计算机、三条网线。

任务实现

步骤 1：按图 7-4-1 所示的拓扑结构制作所需的网线，并按照拓扑图连接各设备。

步骤 2：在路由器 Router 中配置端口地址。

```
Ruijie>enable
Ruijie#configure terminal
Ruijie(config)#hostname Router
Router(config)#interface FastEthernet 0/0
Router(config-if)#ip address 10.1.1.1 255.255.255.0
Router(config)#interface FastEthernet 0/1
Router(config-if)#ip address 192.168.10.255.255.255.0
Router(config-if)#exit
```

步骤 3：启动 VPN 功能，创建并配置 L2TP VPN。

```
Router(config)#vpdn enable                          ! 启用 VPN 功能
Router(config)#username ruijie password 0 ruijie
! 创建 VPN 的用户名和密码，是为了对试图远程登录的客户端进行身份验证
Router(config)#ip local pool l2tp 192.168.10.100 192.168.10.200
! 创建分配给客户端的地址池
Router(config)#interface virtual-template 1         ! 创建 virtual-template 1
Router(config)#ip unnumbered FastEthernet 0/0       ! 配置 Fa0/0 端口作为拨入端口
Router(config-if)#peer default ip address pool l2tp
                                                    ! 绑定分配给客户端的地址池
Router(config)#vpdn-group 1                          ! 创建 vpdn-group 组
```

211

```
Router(config-vpdn)#accept-dialin                    ! 允许接收远程客户端拨入
Router(config-vpdn-acc-in)#protocol l2tp             ! 设置隧道协议为 L2TP 协议
Router(config-vpdn-acc-in)#virtual-template 1        ! 关联 virtual-template 1
Router(config-vpdn-acc-in)#exit
Router(config-vpdn)#exit
```

步骤 4：在计算机上修改注册表，完成后，重新启动计算机。

注册表路径：

[HKEY_LOCAL_MACHINE\SYSTEM\CurrentControlSet\Services\RasMan\Parameters]

新建 DWORD 值，将其命名为 ProhibitIPSec，并设置为十六进制，数值为 1。

小贴士

为什么修改注册表？由于 WinXP/2K 默认的 L2TP+IPSec 需要"证书"支持，但是，这个功能在本教材使用的路由器上还不支持，也就是说，默认情况下 Windows 和 BDCOM router 无法进行 L2TP+IPSec 的连接，所以，在 Windows 系统下使用 L2TP 拨号时，需要修改注册表方可正常拨号。

步骤 5：在 PC 上，依次选择"开始"|"设置"|"网络连接"命令，在弹出的"网络连接"窗口上选择"创建一个新的连接"选项卡，如图 7-4-2 所示。

步骤 6：在弹出的"新建连接向导"对话框中单击"下一步"按钮，如图 7-4-3 所示。

图 7-4-2　创建新连接

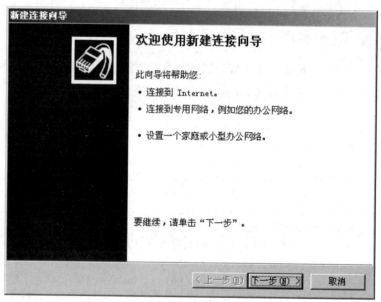

图 7-4-3　新建连接向导 1

步骤 7：在弹出的对话框中选择"连接到我的工作场所的网络"单选按钮，然后单击"下一步"按钮，如图 7-4-4 所示。

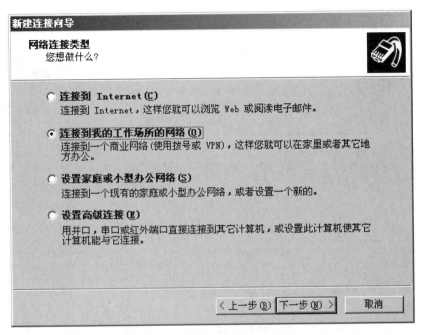

图 7-4-4　新建连接向导 2

步骤 8：在弹出的对话框中选择"虚拟专用网络连接"单选按钮，然后单击"下一步"按钮，如图 7-4-5 所示。

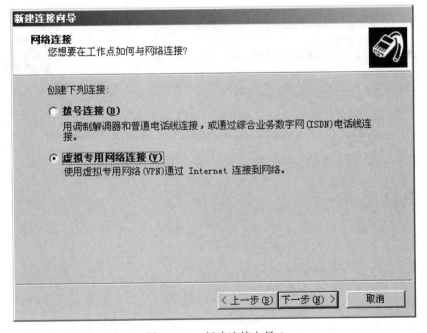

图 7-4-5　新建连接向导 3

步骤 9：在"公司名"文本框中输入连接到 VPN 服务器的名称，也可以不填，然后单击"下一步"按钮，如图 7-4-6 所示。

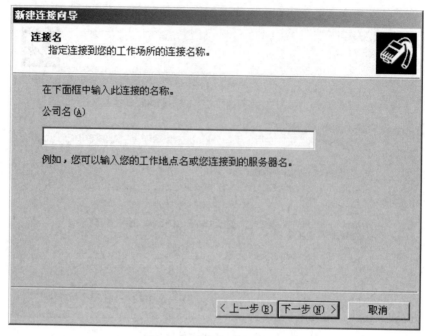

图 7-4-6　新建连接向导 4

步骤 10：弹出的对话框中，在"主机名或 IP 地址"文本框中输入连接 VPN 服务器的 IP 地址，然后单击"下一步"按钮，如图 7-4-7 所示。

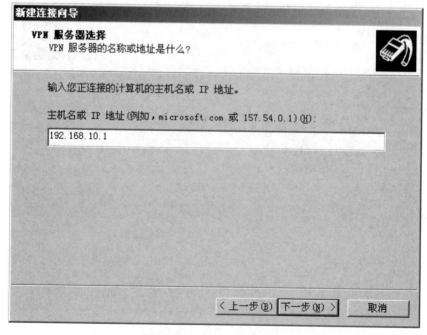

图 7-4-7　新建连接向导 5

步骤 11：在弹出的对话框中单击"完成"按钮，如图 7-4-8 所示。

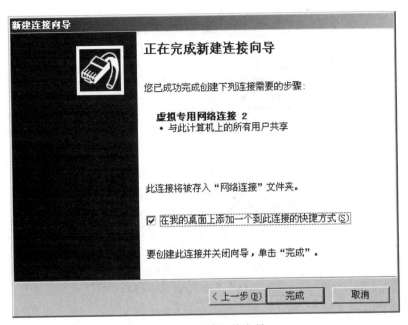

图 7-4-8 新建连接向导 6

步骤 12：在桌面上双击"新建连接"图标，在弹出的"连接 虚拟专用网络连接"对话框中单击"属性"按钮，如图 7-4-9 所示。

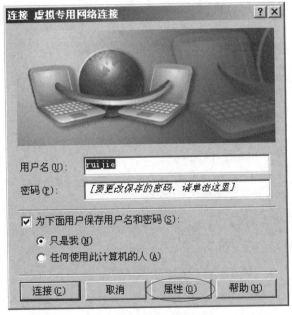

图 7-4-9 "连接 虚拟专用网络连接"对话框

步骤 13：在弹出的"虚拟专用网络连接 属性"对话框中选择"安全"选项卡，然后单击"高级（自定义设置）"单选按钮，再单击"设置"按钮，如图 7-4-10 所示。

步骤 14：在弹出的"高级安全设置"对话框中选择"数据加密"下拉列表框的"可选加密"选项，然后单击"确定"按钮，如图 7-4-11 所示。

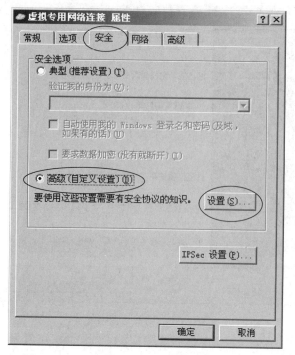

图 7-4-10 "虚拟专用网络连接 属性"对话框

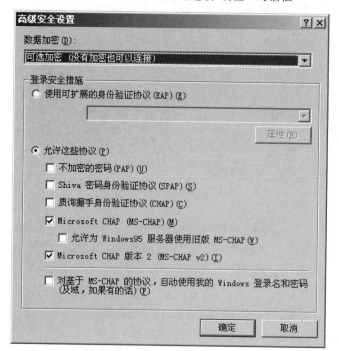

图 7-4-11 "高级安全设置"对话框

步骤 15：在"连接 虚拟专用网络连接"对话框中的"用户名"文本框和"密码"文本框中分别输入拨号用户名和密码，然后单击"连接"按钮，如图 7-4-12 所示。

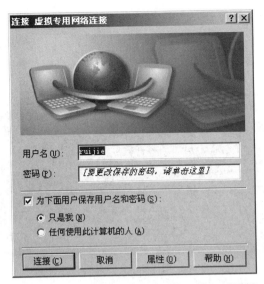

图 7-4-12　"连接 虚拟专用网络连接"对话框

步骤 16：此时，已成功拨入 VPN 服务器并获取服务器分配的地址信息，如图 7-4-13 所示。

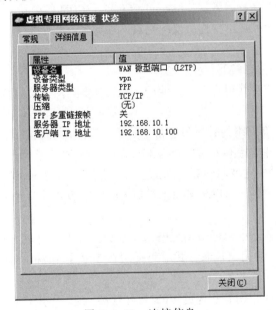

图 7-4-13　连接信息

小贴士

　　L2TP 使用控制信息和数据信息两种信息类型。控制信息用于隧道和呼叫的建立、维持和清除；数据信息用于封装隧道所携带的 PPP 帧。控制信息利用 L2TP 中的一个可靠控制通道来确保发送，当包丢失时，不转发数据信息。

验证配置：

（1）客户端拨入 VPN 服务器时，必须测试本机与 VPN 服务器能否正常通信。可通过 ping

命令测试其与服务器通信是否正常。

（2）若 L2TP 拨号不成功，可先检查本机系统是否已修改注册表，并重新启动计算机。

（3）客户端拨号成功后，使用本机 ping 公司内部计算机，若能 ping 通，则表明 VPN 配置正确，如图 7-4-14 所示。

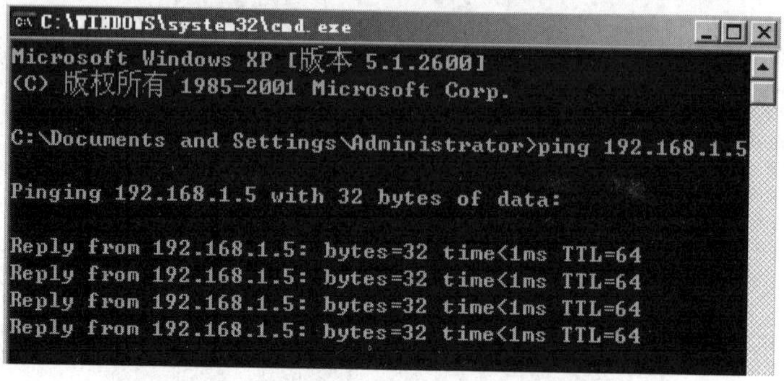

图 7-4-14　本机 ping 公司内部计算机

知识点拨

（1）L2TP 是由 IETF 起草，微软、Ascend、Cisco、3COM 等公司参与制定的二层隧道协议。它结合了 PPTP 和 L2F 两种二层隧道协议的优点，为众多公司所接受，已经成为 IETF 有关二层隧道协议的工业标准。

（2）L2TP 的主要特性有以下几种：

① L2TP 适合单个或少数用户接入企业的情况，其点到网连接的特性是其承载协议 PPP 所约定的。

② 由于 L2TP 对私有网络的数据包进行了封装，因此在 Internet 上传输数据时，对数据包的网络地址是透明的，并支持接入用户的内部动态地址分配。

③ 与 PPP 模块配合，支持本地和远端的 AAA（认证、授权和计费）功能。对用户的接入，也可根据需要采用全用户名、用户域名和用户拨入的特殊服务号码方式，来识别其是否为 VPN 用户。

④ 对数据报文的安全性，可采用 IPSEC 协议。采用该协议，即可以在数据报文发往 Internet 之前对其加密。对用户控制方式，可采用在 VPN 端系统 LAC 侧加密，即服务提供商控制方式。

⑤ 对于拨号用户，可以配置相应的 VPN 拨号软件，发起由用户直接对企业私有网的连接，这样，用户在上网时可以灵活地选择是否需要 VPN 服务。

（3）L2TP 连接的维护以及 PPP 数据的传送都是通过 L2TP 消息的交换来完成的，这些消息再通过 UDP 的 1701 端口承载于 TCP/IP 之上。

（4）L2TP 报文分为控制报文和数据报文两类。控制报文包括 L2TP 通道的建立、维护、拆除，以及基于通道连接的会话连接的建立、维护、拆除。控制消息中的参数用 AVP 值对（Attribute Value Pair）来表示，使得协议具有很好的扩展性。在控制消息的传输过程中还应用了消息丢失重传和定时检测通道连通性等机制，以保证 L2TP 层传输的可靠性。

（5）为什么在 Windows 系统下要先修改注册表才能拨号到 L2TP？还是由于 Windows 2000 和 Windows XP 在 L2TP+IPSec 上的配置基本相似，虽然界面稍有差别，但不影响讲述，后面就以 Windows XP 为例：由于 Windows XP/2000 默认的 L2TP+IPSec 是需要"证书"来支持的，但是，这个功能在路由器上面还无法支持，也就是说，在默认情况下 Windows 和 BDCOM router 还无法进行 L2TP+IPSec 的连接。

不过，如果利用之前所讲的修改注册表的方式，将 Windows XP 中 L2TP 和 IPSec 默认的绑定关系拆开，然后再分别配置 L2TP 连接和 IPSec 加密。这种方式和绑定的差别是：可以自己定义 IPSec 的加密方式，或者说可以不必使用"证书"，实验证明这是可行的。

（6）客户端拨入 VPN 服务器时，必须首先测试本机与 VPN 服务器能否正常通信，可通过 ping 命令测试其与服务器通信是否正常。

拓展训练

参照图 7-4-15 所示的网络拓扑结构，按下列要求对路由器进行配置：

（1）按照拓扑结构图地址信息，配置路由器 Fa0/0 和 Fa0/1 端口的地址。

（2）创建组号为 2 的 virtual-template；创建分配给客户端的地址池，并将其命名为 dizhi，设置地址范围为 192.168.1.20～192.168.1.80；绑定 Fa0/0 端口作为客户端的拨入端口。

（3）全局模式下启动 VPN 功能，在路由器上创建组号为 2 的 vpdn-group 组，配置允许接受远程客户端拨入，使用 L2TP 协议。

（4）将创建的 virtual-template 2 关联到 vpdn-group 2 中。

（5）创建 VPN 的用户名和密码，设置用户名为：l2tpuser，密码为：123456。

（6）修改计算机的系统注册表，修改完毕后，创建虚拟专用网络连接，并拨号连接到公司内部网络。

（7）配置完成后，对实验进行验证测试。

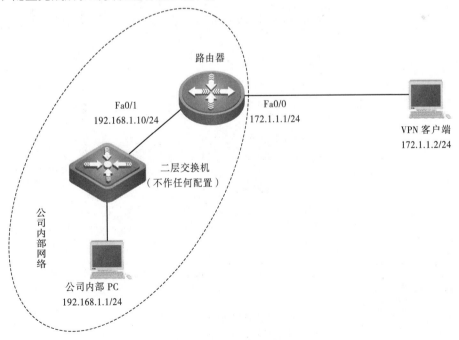

图 7-4-15　网络拓扑结构图

单 元 小 结

　　本单元所讲述的四个任务都是关于路由器安全功能的，其中，包括 ACL 限制网络访问、ACL 限制服务端口防攻击、ACL 限制服务器服务时间、计算机通过 VPN 拨号接入网络。通过这些任务，加强学生对路由器安全功能的认识。课后，学生应将本单元中各个任务的拓展训练进行练习，在练习的过程中，不能照抄配置命令，而是理解每一条配置命令的意义。在任务中，如果学生碰到一些不明白的术语，可到网上自行查询。需要注意的是，每个任务的配置完成后，要进行一次配置验证，以确保配置是成功的。

第八单元 构建一个新型无线网络

（无线网络）

技能目标

（1）认识无线网卡。

（2）认识无线路由器。

（3）了解无线上网方案。

素养目标

（1）深入调研、精准定位需求。

（2）建立提前规划的意识。

（3）无线网络安全意识。

（4）树立网络安全意识，筑牢网络安全防线。

随着计算机网络技术的发展，无线网络因其灵活、方便的特点越来越受到人们的关注，采用无限网络技术架构的局域网也越来越多。本章将带领读者进入无线局域网这一领域，而且将重点介绍无线网络的特点、协议标准、网络设备、网络构建以及安全问题。通过本章的学习，读者将对无线局域网有一个全新的了解。

近年来，采用无线传输方式的无线局域网（Wireless Local Area Network，WLAN）越来越受到人们的重视和青睐，发展势头非常迅猛，成为有线网络的扩展和补充，应用的场合也越来越多。无线局域网已经在企业、医院、酒店、工厂和学校等场合得到广泛应用。相关的无线网络产品也层出不穷，成为各个网络设备供应商竞相追捧的对象。

任务一　构建无线局域网络知识准备

（无线技术知识）

任务描述

为了顺利构建无线局域网络，需要具备的知识技能包括无线网络的基础知识，无线网络产品的知识，无线网卡的安装，对无线网络的接入设备 AP 的了解以及无线网络模式。无线上网的一个解决方案如图 8-1-1 所示。

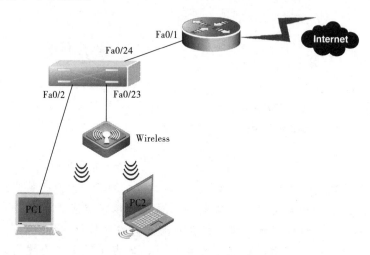

图 8-1-1　无线上网的一个解决方案

【所需设备】无线网卡、无线路由器。

任务实现

步骤 1：认识无线网络。20 世纪 80 年代是有线局域网发展与普及的年代。虽然有线局域网能够满足一般的工业自动化及办公自动化的要求，但这种网络也存在许多不足，例如：传输速率不够高；布线烦琐，造成办公室线缆泛滥；无法用移动体访问局域网等。为了克服以上问题，人们开始从提高传输速率、支持可移动性方面来研制适应未来的局域网模式。

无线网络不需使用电子或光学导体。大多数情况下，地球的大气便是数据的物理性通路。从理论上讲，无线网络适合应用于难以布线的场合或远程通信。无线媒体有三种主要类型：无线电、微波及红外线。

无线局域网采用电磁波承载技术，无须线缆，特点是价格较贵，但联网方式灵活，常用于辅助联网。

步骤 2：了解无线局域网的特点。在传输速率方面，局域网沿以太网→FDDI→快速以太网→ATM 局域网方向发展。局域网的另一个发展方向是无线局域网。无线局域网除了有现有局域网高速率的特点之外，还因为将无线电波或红外线作为传输媒体，不用布线即可灵活地组成可移动的局域网。随着信息时代的到来，越来越多的人要求能够随时随地接收各种信息，因而对用移动体访问局域网的要求变得更加迫切。因此，无线局域网具有广阔的发展前景。

无线局域网利用电磁波在空气中发送和接收数据，而无须线缆介质。无线局域网的数据传输速率现在已经能够达到 11 Mbit/s，传输距离可远至 20 km 以上。它是对有线联网方式的一种补充和扩展，使联网的计算机具有可移动性，能快速方便地解决使用有线方式不易实现的网络连通问题。与有线网络相比，无线局域网具有安装便捷、使用灵活、经济节约、易于扩展的优点。由于无线局域网具有多方面的优点，所以发展十分迅速。在最近几年里，无线局域网已经在医院、商店、工厂和学校等不适合网络布线的场合得到了广泛应用。

图 8-1-2　无线客户端

步骤 3：认识无线网络接入设备。STA（Station，工作站）是一个配备了无线网络设备的网络结点。具有无线网络适配器的个人计算机称为无线客户端，如图 8-1-2 所示。无线客户端能够直接相互通信或通过 AP 进行通信。

（1）Wireless LAN Card（无线网卡）一般有 PCMCIA、USB、PCI等几种，PCMCIA 无线网卡主要用于便携机，USB 无线终端主要用于台式机，如图 8-1-3 所示。

图 8-1-3　无线网卡

（2）AP（Access Point，无线接入点）相当于基站，主要作用是将无线网络接入以太网，另一个作用是将各无线网络客户端连接到一起（相当于以太网的集线器），使装有无线网卡的计算机通过 AP 共享无线局域网络，甚至广域网络的资源，一个 AP 能够在几十至上百米的范围内连接多个无线用户。无线 AP 如图 8-1-4 所示。

图 8-1-4　无线 AP

（3）Wireless Bridge（无线桥接器）主要是进行长距离传输（如两栋大楼间连接）时使用，由 AP 和高增益定向天线组成。无线局域网 AP 天线有定向型（Uni-direction）和全向型（Omni-direction）两种，如图 8-1-5 所示。

图 8-1-5　无线桥接器

步骤 4：了解无线局域网的协议和标准。

（1）CSMA/CA 协议。总线型局域网在 MAC 层的标准协议是 CSMA/CD（载波侦听多点接入/冲突检测），但由于无线产品的适配器不易检测信道是否存在冲突，因此 IEEE802.11 定义了一种新的协议，即 CSMA/CA（载波侦听多点接入/避免冲撞）。一方面，可通过载波侦听查看介质是否空闲；另一方面，通过随机的时间等待，使信号发生冲突的概率减到最小，当介质被侦听到空闲时，则优先发送。为了系统更加稳固，IEEE802.11 还提供了可确认帧 ACK 的 CSMA/CA。

（2）802.11b 标准。由于最初的 802.11 标准存在诸多缺陷，1999 年 IEEE 推出了 802.11b 标准。该标准工作在 2.4 GHz 频带，最大数据传输速率可达 11 Mbit/s。

（3）802.11a 标准。由于 802.11b 工作在公共频段，容易与同一工作频段的蓝牙、微波炉等设备形成干扰，且其速度较低，为了解决这个问题，在 802.11b 标准推出的同年，802.11a 标准应运而生。该标准工作于 5.8 GHz 频段，最大数据传输速率提高到了 54 Mbit/s。

知识点拨

（1）无线技术。

（2）无线上网所用到设备：无线网卡、无线 AP、无线桥接器。

（3）无线上网所用到通信协议。

拓展训练

（1）无线上网最少要具备哪些设备？

（2）无线上网必须考虑哪些安全因素？

任务二　搭建 Ad-Hoc 模式无线网络

（最简单的无线网络）

任务描述

王明从学校毕业后直接进入一家企业担任网络管理员，他在交接工作时发现手上没有交叉线，因此，两台计算机的资料不能快速共享，但是他很快发现有无线网卡，于是他建议用 Ad-Hoc 方式组网，通过无线网卡快速地开展工作，其拓扑结构如图 8-2-1 所示。

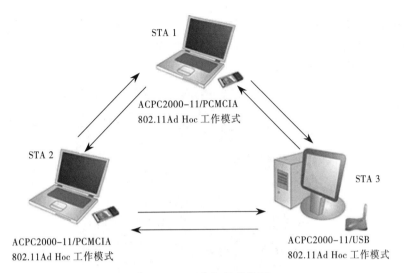

STA 1

ACPC2000-11/PCMCIA
802.11Ad Hoc 工作模式

STA 2

STA 3

ACPC2000-11/PCMCIA
802.11Ad Hoc 工作模式

ACPC2000-11/USB
802.11Ad Hoc 工作模式

图 8-2-1 网络拓扑结构图

【所需设备】三块 RG-WG54U、三台计算机。

任务实现

步骤 1：配置 STA 1。

（1）安装无线网卡 RG-WG54U 以及客户端软件 IEEE 802.11g Wireless LAN Utility。右击"无线网络连接"图标，在弹出的快捷菜单中选择"属性"命令，如图 8-2-2 所示。

（2）在弹出的"无线网络连接属性"对话框中双击"Internet 协议（TCP/IP）"选项，如图 8-2-3 所示。

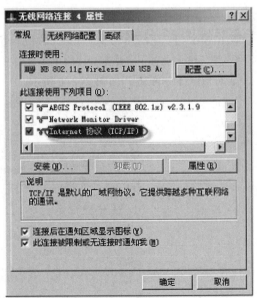

图 8-2-2 "无线网络连接"快捷菜单

图 8-2-3 "无线网络连接属性"对话框

（3）在弹出的"Internet 协议（TCP/IP）属性"对话框中配置 STA 1 无线网卡的 TCP/IP，设置 IP 地址为：192.168.0.1，子网掩码为：255.255.255.0，默认网关为：192.168.0.1，然后单击"确定"按钮，如图 8-2-4 所示。

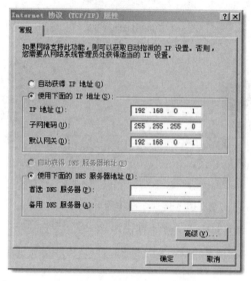

图 8-2-4　"Internet 协议（TCP/IP）属性"对话框

（4）双击桌面右下角任务栏中的 📶 图标，运行 IEEE 802.11g Wireless LAN Utility，如图 8-2-5 所示。

图 8-2-5　任务栏

（5）在弹出的"IEEE 802.11g Wireless LAN Utility"对话框中配置自组网模式无线网络，设置 SSID 为：adhocl，Network Type 为：Ad-Hoc，Ad-Hoc Channel 为：1，然后单击 Apply 按钮，至此完成对 STA 1 的配置，如图 8-2-6 所示。

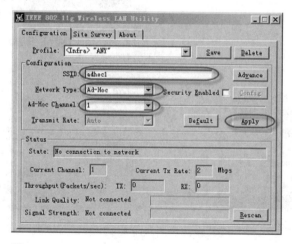

图 8-2-6　IEEE 802.11g Wireless LAN Utility 对话框

步骤 2：配置 STA 2，加入 Ad-Hoc（自组网）模式无线网络。

（1）安装无线网卡 RG-WG54U 以及客户端软件 IEEE 802.11g Wireless LAN Utility。右击"无线网络连接"图标，在弹出的快捷菜单中选择"属性"命令，然后在弹出的"无线网络连接属性"对话框中双击"Internet 协议（TCP/IP）"选项。

（2）在弹出的"Internet 协议（TCP/IP）属性"对话框中配置 STA 2 无线网卡的 TCP/IP，设置 IP 地址为：192.168.0.2，子网掩码为：255.255.255.0，默认网关为：192.168.0.1，然后单击"确定"按钮，如图 8-2-7 所示。

（3）双击桌面右下角任务栏的 图标运行 IEEE 802.11g Wireless LAN Utility，如图 8-2-8 所示。

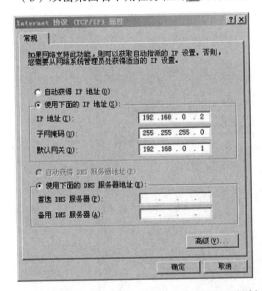

图 8-2-7　"Internet 协议（TCP/IP）属性"对话框　　　　图 8-2-8　任务栏

（4）在弹出的"IEEE 802.11g Wireless LAN Utility"对话框中配置自组网模式无线网络，设置 SSID 为：adhoc1，Network Type 为：Ad-Hoc，Ad-Hoc Channel 为：1，然后单击 Apply 按钮，至此完成对 STA 2 的配置，如图 8-2-9 所示。

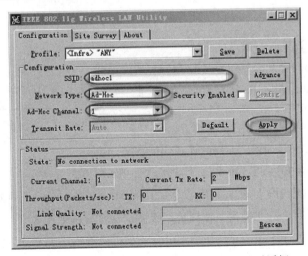

图 8-2-9　IEEE 80211g Wireless LAN Utility 对话框

步骤3：验证测试。

（1）可以看到 STA 1 和 STA 2 的无线网络连接状态均为"已连接上"，如图 8-2-10 所示。

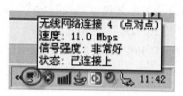

图 8-2-10　无线网络连接状态

（2）在 STA 1 和 STA 2 的 IEEE 802.11g Wireless LAN Utility 对话框中可以看到状态信息，如图 8-2-11 所示。

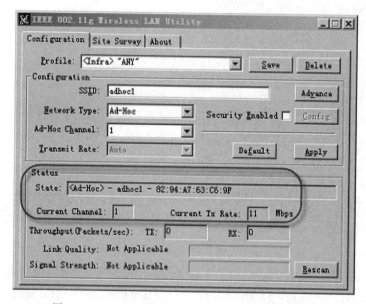

图 8-2-11　IEEE 802.11g Wireless LAN Utility 窗口

 小贴士

图 8-2-11 中参数说明如下：

State：<Ad-Hoc>-adhoc1-[STA 1 MAC 地址]。

Current Channel：Ad-Hoc 模式无线网络信道。

（3）STA 1 与 STA 2 能够相互 ping 通。

步骤4：配置 STA 3，加入 Ad-Hoc 模式无线网络。

（1）安装无线网卡 RG-WG54U 以及客户端软件 IEEE 802.11g Wireless LAN Utility。

（2）配置 STA 3 无线网卡的 TCP/IP 设置，IP 地址 192.168.0.3，子网掩码 255.255.255.0，默认网关 192.168.0.1；单击"确定"按钮完成设置。配置方法如图 8-2-12 所示。

（3）运行 IEEE 802.11g Wireless LAN Utility，双击桌面右下角任务栏图标，如图 8-2-13 所示。

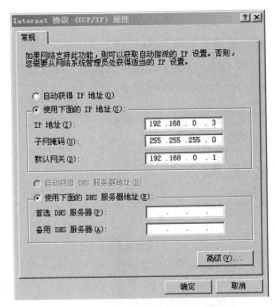

图 8-2-12　无线网卡的 TCP/IP 设置

图 8-2-13　任务栏图标

（4）在 Configuration 选项卡，配置加入 Ad-Hoc 模式无线网络；单击 Apply 按钮应用设置，至此完成对 STA 3 的配置，如图 8-2-14 所示。

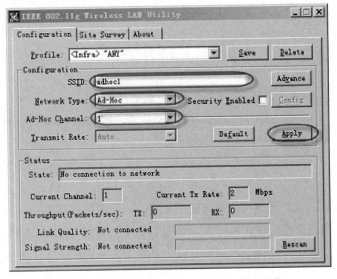

图 8-2-14　配置加入 Ad-Hoc 模式无线网络

 小贴士

图 8-2-14 中参数说明如下：

SSID：配置自组网模式无线网络名称，与 STA 1 保持一致。

Network Type：网络类型选择为 Ad-Hoc。

Ad-Hoc Channel：选择自组网模式无线网络工作信道，与 STA 1 保持一致。

步骤 5：验证测试。

（1）可以看到 STA 1、STA 2、STA 3 的无线网络连接状态均为"已连接上"。

（2）在 STA 1、STA 2、STA 3 的 IEEE 802.11g Wireless LAN Utility 对话框中可以看到状态信息，如图 8-2-15 所示。

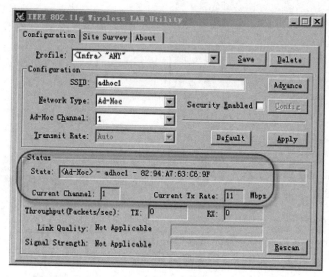

图 8-2-15　IEEE 802.11g Wireless LAN Utility 窗口

 小贴士

> 注意：
> 保证 STA 1、STA 2、STA 3 的 IP 地址均已配置。
> 保证 STA 1、STA 2、STA 3 无线连接的 SSID 名、Ad-Hoc 信道设置相同。
> 掌握 Ad-Hoc 模式无线网络的概念及搭建方法。

知识点拨

Ad-Hoc（自组网）模式无线网络是省去了无线接入点而搭建起的一种对等网络结构，安装了无线网卡的计算机之间可实现无线互联。由于省去了无线接入点，Ad-Hoc 模式无线网络的构建过程较为简单，但是其传输距离相当有限，因此，该种模式较适合满足临时性的计算机无线互连需求。

任务三　搭建一个简单的无线网络

（家庭无线上网）

任务描述

小明家里有三台计算机需要上网，由于装修时没有考虑上网问题，所以房间里没有接网线。现在需要上网，只好采用无线上网方式解决上网问题，其网络拓扑结构如图 8-3-1 所示。

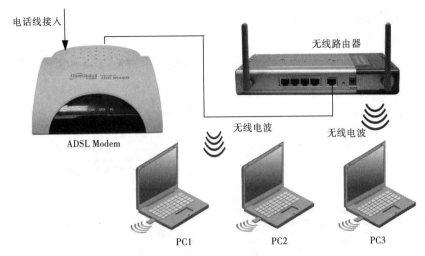

电话线接入

无线路由器

无线电波　无线电波

ADSL Modem

PC1　　　PC2　　　PC3

图 8-3-1　无线上网网络拓扑结构图

【所需设备】无线路由器、无线网卡。

任务实现

步骤 1：准备所需设备。家里计算机均有一张带有 RJ-45 接口的无线网卡、一个无线路由器、一个 Modem 调制解调器。根据 Modem 与无线路由器的距离购买一定长度的网线，制作网线需要用到的水晶头。

小贴士

这里只需制作一条网线即可，用于连接 Modem 与无线路由器。

步骤 2：按照图 8-3-1 所示的网络拓扑结构，将一根双绞网络线的一头连接无线路由器的 WAN 口，另一头连接 ADSL Modem。检查计算机的无线网卡是否安装，并置其于工作状态。

小贴士

无线路由器是有线与无线的中转站，计算机的无线网卡使得计算机能够接收路由器发出的无线信号。

步骤 3：连线完成后，开启电源。

步骤 4：为了初始化 ADSL 无线路由器，将一台笔记本式计算机用网线接上 ADSL 路由大的端口。

步骤 5：设定 ADSL 无线路由器，由其拨号上网，并且能够发送无线信号。

（1）查看无线路由器的说明书，得到该路由器的初始 IP 地址为 192.168.1.1，初始登录用户名与密码都是 admin。

（2）在用网线连接了无线路由器的计算机的桌面上，右击"网上邻居"图标，在弹出的快捷菜单中选择"属性"命令，弹出"网络连接"窗口，如图 8-3-2 所示。

（3）在"网络连接"窗口中右击"本地连接"图标，在弹出的快捷菜单中选择"属性"命令，弹出"本地连接1属性"对话框，如图8-3-3所示。

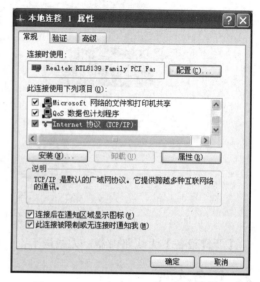

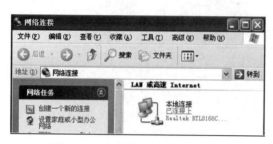

图8-3-2　"网络连接"窗口　　　　　图8-3-3　"本地连接1属性"对话框

（4）在"本地连接1属性"对话框中选择"Internet 协议（TCP/IP）"选项，单击"属性"按钮，在弹出的"Internet 协议（TCP/IP）属性"对话框中填写 IP 地址、子网掩码和默认网关，单击"确定"按钮，如图8-3-4所示。完成通过无线路由器的计算机的上网设置，使得计算机可以连通无线路由器。

（5）启动 IE 浏览器，在地址栏中输入 http://192.168.1.1，如图8-3-5所示，连接到无线路由器，打开无线路由器的配置界面。

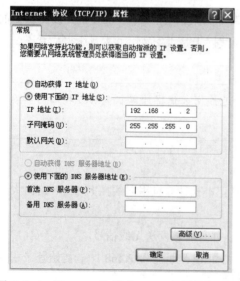

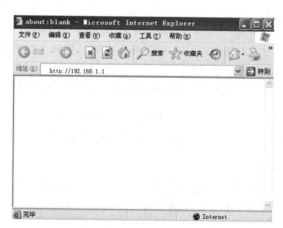

图8-3-4　"Internet 协议（TCP/IP）属性"对话框　　　图8-3-5　输入无线路由器管理地址

（6）在打开的无线路由器登录界面中输入用户名、密码，如图8-3-6所示。

图 8-3-6　无线路由器登录界面

（7）在"连接到 192.168.1.1"对话框中单击"确定"按钮，进入 ADSL 无线路由器设定界面，并弹出"设置向导"对话框，如图 8-3-7 所示。

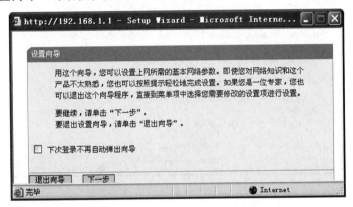

图 8-3-7　无线路由器配置向导

（8）在"设置向导"对话框中单击"下一步"按钮，然后选择"ADSL 虚拟拨号（PPPoE）"单选按钮，如图 8-3-8 所示。

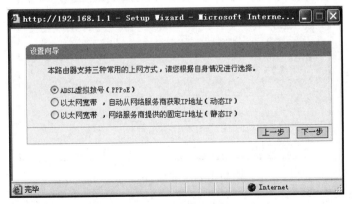

图 8-3-8　无线路由器上网方式

（9）单击"下一步"按钮，接着输入 ISP 提供的上网账号和上网口令，如图 8-3-9 所示。

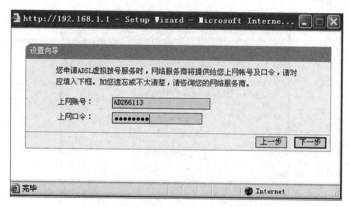

图 8-3-9　输入上网账号和上网口令

（10）单击"下一步"按钮，进入"设置向导–无线设置"对话框，依照默认值不做任何改动，即可设置无线路由器打开无线信号开关，如图 8-3-10 所示。

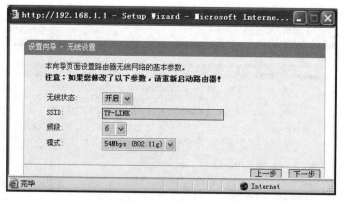

图 8-3-10　开启无线信号开关

（11）在"设置向导–无线设置"对话框中单击"下一步"按钮，完成向导设置，如图 8-3-11 所示。

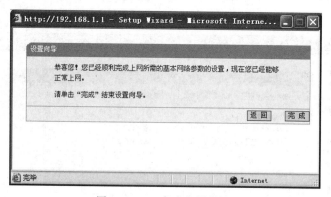

图 8-3-11　完成向导设置

（12）在"设置向导"对话框中单击"完成"按钮，即完成了初始设定，无线路由器已成功地与外网连接，并且打开了无线信号开关，可以发送、接收无线信号了，如图 8-3-12 所示。

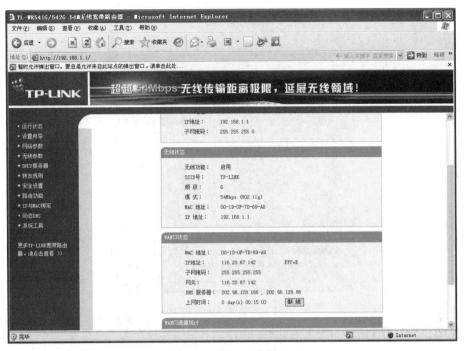

图 8-3-12　无线路由器配置界面

（13）家里计算机通过搜索无线信号，无线网卡获取无线路由器分配的 DHCP 地址，接入网络即可上网。由于设定好 ADSL 无线路由器后，ADSL 无线路由器已经存在 DHCP，把所有计算机无线网卡的 TCP/IP 协议设为"自动获得 IP 地址"和"自动获得 DNS 服务器地址"，就可以上网了，三台计算机的无线网卡设置如图 8-3-13 所示。

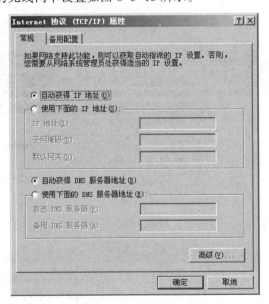

图 8-3-13　三台计算机的无线网卡设置

（14）无线网卡拨号成功后，查看无线网卡的状态，如图 8-3-14 所示。

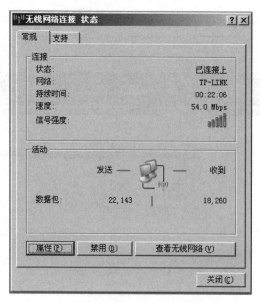

图 8-3-14　无线网卡拨号成功状态

步骤 6：ADSL 无线路由器安全的设定。为限制其他用户接入无线路由器上网，保护自身的权益和安全，小明按照下面方式对无线路由器进行了安全设定。

（1）进入 ADSL 无线路由器界面，依次选择"无线参数"|"基本设置"选项，在"安全类型"下拉列表框中选择 WEP 选项，在"密钥内容"文本框中输入 admin，在"密钥类型"下拉列表框中选择"64 位"选项，如图 8-3-15 所示。

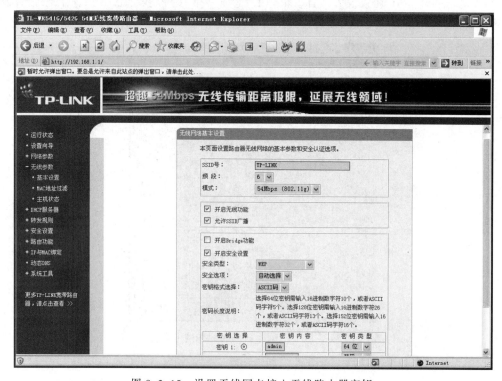

图 8-3-15　设置无线网卡接入无线路由器密钥

（2）保存后，接着重启无线路由器。重启无线路由器之后，没有输入无线接入密钥的计算机不能上网。在需要无线上网的计算机上重新搜索无线信号，选中自己家里的无线信号，输入无线信号接入密钥。打开无线信号设置界面，如图 8-3-16 所示。

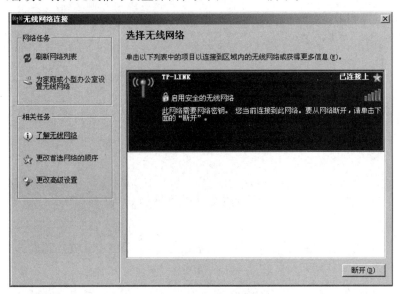

图 8-3-16　无线信号设置界面

（3）在"无线网络连接"对话框中单击"为家庭或小型办公室设置无线网络"按钮，在弹出的"无线网络安装向导"对话框中，单击"下一步"按钮，如图 8-3-17 所示。

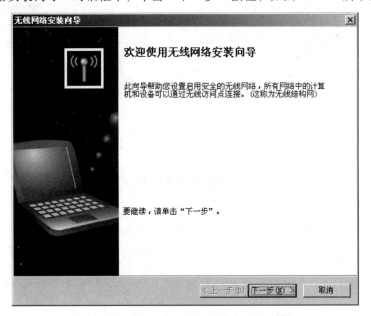

图 8-3-17　"无线网络安装向导"对话框

（4）在"无线网络安装向导"对话框中的"网络名"文本框中输入 TP-LINK（无线路由器设置的名称），选择"手动分配网络密钥"单选按钮，然后单击"下一步"按钮，如图 8-3-18 所示。

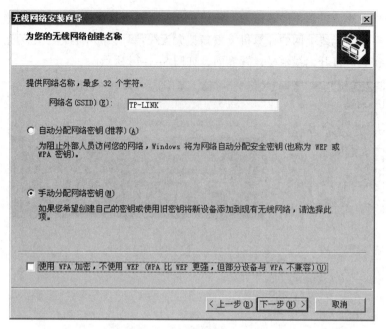

图 8-3-18　无线信号向导

（5）在"无线网络安装向导"对话框中输入网络密钥（在无线路由器设定密钥），单击"下一步"按钮，如图 8-3-19 所示。

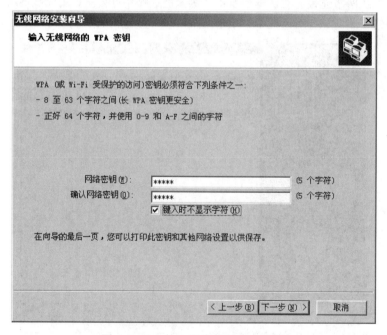

图 8-3-19　输入无线信号接入密钥

（6）在"无线网络安装向导"对话框中选择"手动设置网络"单选按钮，单击"下一步"按钮，如图 8-3-20 所示。

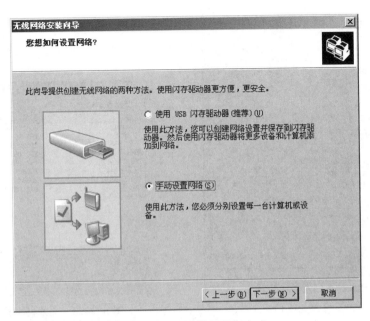

图 8-3-20　无线信号设置方式

（7）提示已成功地按向导完成安装，如图 8-3-21 所示。

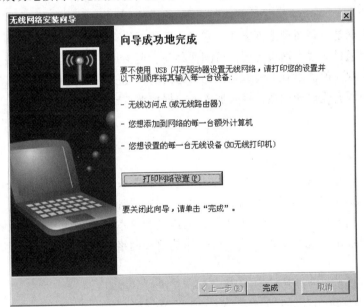

图 8-3-21　设置完成

（8）在"无线网络安装向导"对话框中单击"完成"按钮。双击"无线网络连接"图标，在弹出的"无线网络连接 状态"对话框中选择"支持"选项卡，单击"修复"按钮，便可将无线网络修复，使其可以重新上网，如图 8-3-22 所示。

（9）单击"无线网络连接 状态"对话框中的"详细信息"按钮，弹出"网络连接详细信息"对话框，显示目前无线网卡成功地经过无线路由器接入到网络后的详细信息，如图 8-3-23 所示。

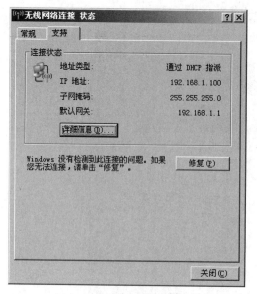

图 8-3-22 修复无线信号

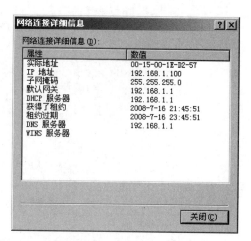

图 8-3-23 无线网卡详细信息

步骤 7：无线上网已成功配置完毕。

知识点拨

（1）无线上网是一种新型上网方式，它可以解决网络布线局限问题，特别是有无线网卡的笔记本式计算机通过无线上网很方便，可随便移动；但不足之处就是网速一般会相对慢一点。

（2）无线上网一般需要有无线设备：无线路由器、无线 AP、无线网卡。

（3）无线上网安全保证途径：接入加密、数据传输加密等。

拓展训练

（1）无线上网有哪些安全隐患？

（2）新德职业技术学校明天会在会议室举行一个学术研讨会，大约有 150 位专家参加本次会议，每人都会带笔记本式计算机，他们的笔记本式计算机都有无线网卡。在开会研讨期间，他们需要上网查阅资料或者上传文件，但是该会议室没有布线，为了能够快速解决上网问题，学校领导提出了无线上网方式。假若你是学校网络管理员，你如何解决学校领导给你布置的任务？

（3）按照图 8-3-24 所示的网络拓扑结构，完成以下练习。

① 在二层交换机 Switch2 上划分 VLAN10、VLAN20，把 Fa0/1-10 端口加入 VLAN10，Fa0/11-20 端口加入 VLAN20。

② 修改三层交换机 S3760、路由器 RouterA 和 RouterB、无线路由器 Aprouter 的名称，配置各设备端口的地址。

③ 配置 OSPF 协议，使网络互通。

④ 配置无线路由器 AProuter，设置接入无线网络的口令为 APadmin，计算机接入无线网络后可以分配到 192.168.1.0/24 网段的 IP 地址。

⑤ 配置完毕后，PC2 拨号接入无线网络，获取 DHCP 的 IP 地址。

⑥ 在 PC2 上 ping PC1 的 IP 地址,把 ping 的结果抓图保存为 T9-3-3-1.jpg;在 PC2 上 ping PC3 的 IP 地址,把 ping 的结果抓图保存为 T9-3-3-1.jpg。

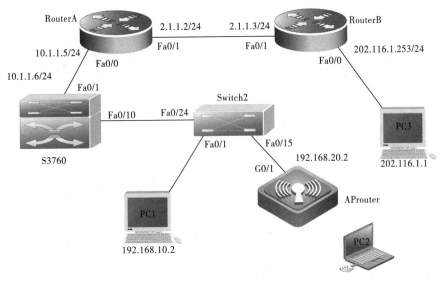

图 8-3-24 网络拓扑结构图

单 元 小 结

本单元介绍了无线网络、无线网络接入设备、无线局域网协议,以及学习了通过配置无线路由器搭建一个简单的无线上网环境,以实现传递信息、共享网络资源的目的。随着计算机网络技术发展、移动接入终端的普遍应用以及无线网络接入与使用灵活方便,无线接入网络方式越来越受到用户青睐。

随着无线网络普及与应用,在无线网络管理方面出现了管理众多无线 AP 的设备——无线控制器,无线控制器 AC(Wireless AccessPoint Controller)是一种用来集中化控制局域网内可控的无线 AP,是一个无线网络的核心,负责管理无线网络中的所有无线 AP,对 AP 的管理包括:下发配置、修改相关配置参数、射频智能管理、接入安全控制等。由于教材篇幅的限制,对无线网络管理深入研究的读者可以查阅无线相关的书籍。

第九单元 使用新一代 IP 地址 IPv6

（认识 IPv6）

 **技能目标**

（1）认识 IPv6。

（2）了解 IPv6 的格式。

（3）使用 IPv6。

（4）了解 IPv6 的应用。

 **素养目标**

（1）学好新技术、报效祖国。

（2）做好新时代青年的责任担当。

（3）增强爱国意识，激发科技强国的信心。

IPv6 是 Internet Protocol Version 6 的缩写，其中 Internet Protocol 译为互联网协议。IPv6 是 IETF（Internet Engineering Task Force，互联网工程任务组）设计的用于替代现行版本 IPv4 协议的下一代 IP 协议，有许多新的特性和功用。目前 IP 协议的版本号为 4（IPv4），新一代 IP 就是 IPv6，其 128 位长的 IP 地址会包含 2^{128} 个 IP 地址，大大地扩充了 IP 地址的数量。

IPv6 的出现首先有效地解决了目前 IPv4 的 IP 地址数量资源不够用的问题，IPv6 中有足够的地址为地球上每一平方英寸的地方分配一个独一无二的 IP 地址；IPv6 使得新的设备，如移动手机、监控设备、智能设备等，都可接入网络，形成意义更为广泛的互联网。而且当广泛地使用 IPv6 后，互联网的网络安全性、网络数据传输速率、网络性能都会得到很大的提升。

*任务一 使用 IPv6 的 IP 地址

（IPv6 地址表示方法）

任务描述

德明公司为了升级公司内部网络,改用 IPv6 的 IP 地址。假若公司内部计算机都是 Windows 2008 操作系统, 现在需要为公司每台计算机设置 IPv6 地址, 其网络拓扑结构如图 9-1-1 所示。

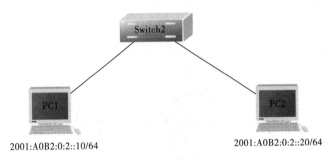

2001:A0B2:0:2::10/64   2001:A0B2:0:2::20/64

图 9-1-1 网络拓扑结构图

【所需设备】一台交换机、两台计算机、两条网线。

任务实现

步骤 1: 在已安装 Windows 2008 操作系统的 PC1 上, 配置 IPv6 地址为 2001:A0B2:0:2::10/64。

（1）右击计算机桌面任务栏右下角的"网络"图标,在弹出的快捷菜单中选择"打开网络和共享中心"命令。

（2）在弹出的"网络和共享中心"窗口中, 单击"管理网络连接", 如图 9-1-2 所示。

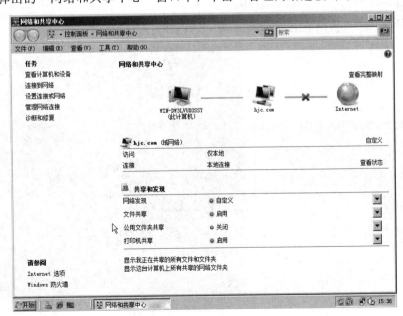

图 9-1-2 "网络和共享中心"窗口

（3）在弹出的"网络连接"窗口中右击"本地连接"图标，在弹出的快捷菜单中选择"属性"命令，在弹出的"本地连接 属性"对话框中双击"Internet 协议版本 6（TCP/IPv6）"选项，如图 9-1-3 所示。

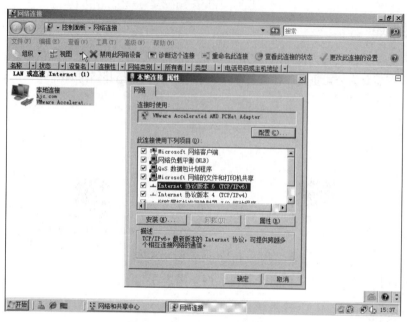

图 9-1-3　设置 Internet 协议

（4）在弹出的"Internet 协议版本 6（TCP/IPv6）属性"对话框中设置 IPv6 的地址，如图 9-1-4 所示。

步骤 2：在已安装 Windows 2008 操作系统的 PC2 上，配置 IPv6 地址为 2001:A0B2:0:2::20/64，操作方法与步骤 1 类似。

步骤 3：在 PC1 上使用 ping 指令检测 PC1 与 PC2 的连通性，检验结果如图 9-1-5 所示。

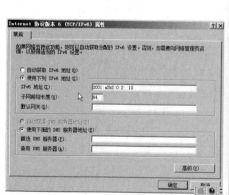

图 9-1-4　设置 IPv6 地址

图 9-1-5　显示 ping 的结果

知识点拨

（1）在 Windows XP 或 Windows 2003 操作系统设置 IPv6 地址。

① 安装 IPv6 协议。依次选择"开始"｜"运行"命令，在弹出的"运行"对话框中的"打开"文本框中输入 ipv6 install。

② 设置 IPv6 地址。依次选择"开始"｜"运行"命令，在弹出的"运行"对话框中的"打开"文本框中输入 netsh，进入系统网络参数设置环境，然后执行 interface ipv6 指令，接着再执行 add address　2001:da8:207::1。

③ 设置 IPv6 默认网关。在上述系统网络参数设置环境中执行 add route ::/0　2001:da8:207::1 publish=yes。

④ 测试命令。使用 ping6 与 tracert6 指令。

（2）在 Windows Vista 操作系统下设置 IPv6 地址。

① 以管理者身份登录系统，依次选择"开始"｜"程序"｜"附件"命令提示符"命令。

② 在命令提示符窗口中输入 netsh interface ipv6 isatap set state enabled，按【Enter】键。

③ 在命令提示符窗口中输入 netsh interface ipv6 isatap set router 隧道的 IP 地址，接着按【Enter】键。

（3）在 Linux 操作系统下设置 IPv6 地址。

① 安装 IPv6 协议。

```
Modprobe    ipv6
```
② 设置 IPv6 地址。

```
ifconfig eth0 inet6 add 2001:da8:207::1
```
③ 设置 IPv6 默认网关。

```
route -A inet6 add ::/0 gw 2001:da8:207::1
```
④ 测试命令。使用 ping6 与 tracert6 指令。

（4）IPv6 地址的格式。

① IPv6 的 IP 地址的基本格式是 x:x:x:x:x:x:x:x，其中 x 是一个 4 位十六进制整数。每一个整数数字包含 4 位，而每个地址包括 8 个整数，总共 128 位（4×4×8 = 128），如 2001:A0B2:1000:　2000:1100:1200:1300:1400/64 是一个 IPv6 的 IP 地址。

② IPv6 的 IP 地址中可能包含一长串的 0。当出现这种情况时，容许用"::"符号来表示这一长串的 0。比如 IPv6 地址 8000:0:0:0:0:0:0:1 可以被简写为 8000::1，这两个冒号表示该地址可以扩展到一个完整的 128 位的地址。

③ 有些时候 IPv4 和 IPv6 需要混合使用。IPv6 地址中尾部的 32 位可以用于表示 IPv4 地址，该地址可以按照一种混合方式表达，即 x:x:x:x:x:x:d.d.d.d，其中 x 表示一个 16 位整数，而 d 表示一个 8 位十进制整数。比如 8000:0:0:0:0:0:0:10.2.80.1 就是一个合法的 IPv4 地址，该地址也可简写为 8000: : 10.2.80.1。

拓展训练

（1）德明公司为了升级公司内部网络，改用 IPv6 的 IP 地址。假若公司内部计算机都是 Windows 2003 操作系统，现在需要在公司两台计算机的 Windows 操作系统上设置 IPv6 地址，其网络拓扑结构如图 9-1-6 所示。

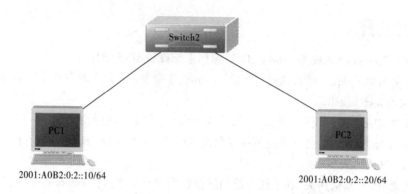

图 9-1-6　网络拓扑结构图

（2）德明公司为了升级公司内部网络，改用 IPv6 的 IP 地址。假若公司内部计算机都是 Linux
操作系统，现在需要在公司两台计算机的 Linux 操作系统上设置 IPv6 地址，其网络拓扑结构如
图 9-1-7 所示。

课外作业

（1）什么是 IPv6？

（2）为什么要使用 IPv6 地址？

（3）如何使用 IPv6 地址？

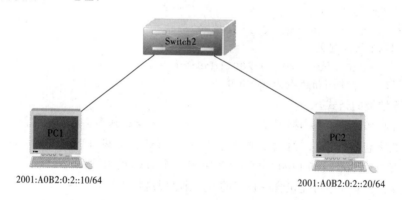

图 9-1-7　网络拓扑结构图

*任务二　配置 IPv6 静态路由协议

（IPv6 静态路由）

任务描述

假若德明公司刚成立不久，公司内部只有两台路由器和两台接入层的二层交换机。现在需
要搭建一个公司内部网络，由于公司规模小，使用静态路由协议，手工方式指定路由器的路由
信息，会节省网络带宽。同时，为了适应未来计算机的发展，公司内部都使用 IPv6 地址，公司
的两台路由器将内部网络分隔为两个网段 2001:A0B2:0:10::0/64 和 2001:A0B2:0:20::0/64，现在需

要使用路由协议才能使网络相互通信，其网络拓扑结构如图 9-2-1 所示。

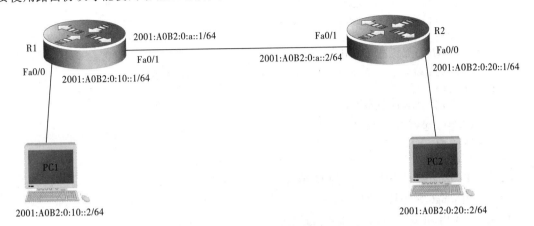

图 9-2-1　配置 IPv6 静态路由

【所需设备】一台交换机、一台计算机、一条 RJ-45 控制线、一条直通线。

🔧 任务实现

步骤 1：连接好网线、控制线。

步骤 2：对路由器 R1、R2 进行基本配置。

（1）修改路由器 R1 的名称，设置接口的 IP 地址。

```
Router>
Router>enable
Router#configure
Router(config)#hostname R1
R1(config)#interface FastEthernet 0/0
R1(config-if)#no shutdown
R1(config-if)#ipv6 enable
R1(config-if)#ipv6 address 2001:A0B2:0:10::1/64
R1(config-if)#exit
R1(config)#interface FastEthernet 0/1
R1(config-if)#no shutdown
R1(config-if)#ipv6 enable
R1(config-if)#ipv6 address 2001:A0B2:0:a::1/64
R1(config-if)#exit
```

（2）修改路由器 R2 的名称，设置接口的 IP 地址。

```
Router>
Router>enable
Router#configure
Router(config)#hostname R2
R2(config)#interface FastEthernet 0/1
R2(config-if)#no shutdown
R2(config-if)#ipv6 enable
R2(config-if)#ipv6 address 2001:A0B2:0:10::2/64
R2(config-if)#exit
R2(config)#interface FastEthernet 0/1
```

```
R2(config-if)#no shutdown
R2(config-if)#ipv6 enable
R2(config-if)#ipv6 address 2001:A0B2:0:a::2/64
R2(config-if)#exit
```

步骤 3：在 R1 上配置静态路由协议。

```
R1(config)#ipv6 route 2001:A0B2:0:20::0/64 2001:A0B2:0:a::2
R1(config)#
```

步骤 4：在 R2 上配置静态路由协议。

```
R2(config)#ipv6 route 2001:A0B2:0:10::0/64 2001:A0B2:0:a::1
R2(config)#
```

步骤 5：验证测试。

（1）在 PC1、PC2 上配置 IPv6 的 IP 地址。

（2）使用 ping6 命令检测网络的连通性。

步骤 6：使用 show ip route 查看路由信息。

（1）在 R1 上使用 show ipv6 route 查看路由表信息，路由表中已有 IPv6 静态路由信息。

```
R1#show ipv6 route
IPv6 Routing Table - 4 entries
Codes: C - Connected, L - Local, S - Static, R - RIP, B - BGP
       U - Per-user Static route, M - MIPv6
       I1 - ISIS L1, I2 - ISIS L2, IA - ISIS interarea, IS - ISIS summary
       O - OSPF intra, OI - OSPF inter, OE1 - OSPF ext 1, OE2 - OSPF ext 2
       ON1 - OSPF NSSA ext 1, ON2 - OSPF NSSA ext 2
       D - EIGRP, EX - EIGRP external
C   2001:A0B2:0:A::/64 [0/0]  via ::, FastEthernet0/1
L   2001:A0B2:0:A::1/128 [0/0]  via ::, FastEthernet0/1
S   2001:A0B2:0:20::/64 [1/0]  via 2001:A0B2:0:A::2
L   FF00::/8 [0/0]  via ::, Null0
```

（2）在 R2 上使用 show ipv6 route 查看路由表信息，路由表中已有 IPv6 静态路由信息。

```
R2#show ipv6 route
IPv6 Routing Table - 4 entries
Codes: C - Connected, L - Local, S - Static, R - RIP, B - BGP
       U - Per-user Static route, M - MIPv6
       I1 - ISIS L1, I2 - ISIS L2, IA - ISIS interarea, IS - ISIS summary
       O - OSPF intra, OI - OSPF inter, OE1 - OSPF ext 1, OE2 - OSPF ext 2
       ON1 - OSPF NSSA ext 1, ON2 - OSPF NSSA ext 2
       D - EIGRP, EX - EIGRP external
C   2001:A0B2:0:A::/64 [0/0]  via ::, FastEthernet0/1
L   2001:A0B2:0:A::2/128 [0/0]  via ::, FastEthernet0/1
S   2001:A0B2:0:10::/64 [1/0]  via 2001:A0B2:0:A::1
L   FF00::/8 [0/0]  via ::, Null0
```

知识点拨

IPv6 与 IPv4 配置静态路由的编写指令格式、配置方法基本一致。

拓展训练

（1）根据图 9-2-2 所示的网络拓扑结构配置网络设备。

① 给设备命名，设置接口的 IP 地址。

② 在设备中配置静态路由协议，使网络互通。

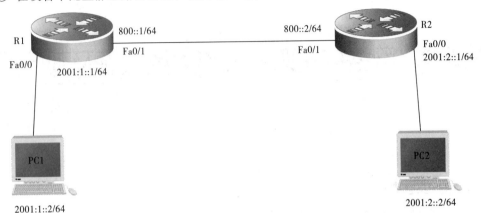

图 9-2-2 网络拓扑结构图

（2）根据图 9-2-3 所示的网络拓扑结构配置网络设备。

① 给设备命名，设置接口的 IP 地址。

② 在设备中配置 OSPF 路由协议，使网络互通。

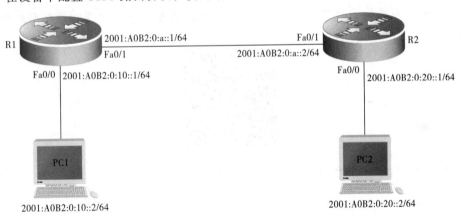

图 9-2-3 网络拓扑结构图

单 元 小 结

通过本单元学习，认识什么是 IPV6 地址，知道了为什么需要使用 IPV6 地址，掌握 IPV6 地址格式，以及学习了在 Windows 操作系统、网络设备中怎么设置与使用 IPV6 地址，还了解了在使用 IPV6 地址的网络中，怎么配置路由协议以实现整个网络的互联互通。

附录 A　网络搭建职业技能大赛套题及部分解答

（综合练习）

 **素养目标**

（1）积极参与职业技能竞赛争当技能明星。

（2）树立知识改变命运、技能成就未来意识。

　　近几年来，全国中职中专学校职业技能竞赛开展得如火如荼，竞赛为学生搭建了展示专业技能的平台。全国比赛、部分省市区选拔比赛中都有企业网搭建以及应用项目，此项目的比赛主要考查学生在组网、配置网络设备、管理以及排除网络故障方面的技能。读者可扫描下方二维码获得职业技能大赛的比赛形式和应试技巧。

参考文献

[1] 陈庆海，刘天华. 计算机网络实训教程[M]. 北京：高等教育出版社，2005.

[2] 汪双顶，韩立凡. 中小型网络构建与管理[M]. 北京：高等教育出版社，2006.

[3] 谢希仁. 计算机网络[M]. 北京：电子工业出版社，2007.

[4] 张文库. 企业网搭建及应用[M]. 北京：电子工业出版社，2011.